1998-2008年全国城市交通规划优秀作品集

中国建筑学会城市交通规划分会　主编

中国建筑工业出版社

图书在版编目（CIP）数据

1998-2008年全国城市交通规划优秀作品集/中国建筑学会城市交通规划分会主编．—北京：中国建筑工业出版社，2009

ISBN 978-7-112-11415-3

Ⅰ.1… Ⅱ.中… Ⅲ.城市规划：交通规划－作品集－中国－现代 Ⅳ.TU984.191

中国版本图书馆CIP数据核字（2009）第181731号

责任编辑：黄　翊
责任设计：赵明霞
责任校对：关　健

1998-2008年全国城市交通规划优秀作品集
中国建筑学会城市交通规划分会　主编

*

中国建筑工业出版社出版、发行（北京西郊百万庄）
各地新华书店、建筑书店经销
北京圣彩虹制版印刷技术有限公司制版
北京方嘉彩色印刷有限责任公司印刷

*

开本：880×1230毫米　1/16　印张：10¼　字数：410千字
2009年10月第一版　2009年10月第一次印刷
定价：120.00元
ISBN 978-7-112-11415-3
（18672）

版权所有　翻印必究
如有印装质量问题，可寄本社退换
（邮政编码100037）

《1998-2008年全国城市交通规划优秀作品集》编辑委员会

主　　任：王静霞

副 主 任：李晓江　全永燊　戴　逢　夏丽卿

委　　员：陆锡明　杨　涛　赵　杰　王　炜　杨东援
　　　　　邹　哲　马　林　郭继孚　陈必壮　贺崇明
　　　　　钱林波　王晓明　林　群　赵小云

工作人员：阎凤辉　侯　伟　李　宁　宣　正　田　聪
　　　　　张　毅　刘春艳

前 言

中国建筑学会城市交通规划分会的前身是1979年3月成立的隶属于中国建筑学会城市规划学术委员会的大城市交通学组，1985年9月经中国科学技术协会学会学术部批准为"中国建筑学会城市交通规划学术委员会"，2002年正式更名为"中国建筑学会城市交通规划分会"，迄今已经30周年。

分会长期坚持开展城市交通规划领域的学术活动，始终坚持求真务实、严谨朴实的传统和作风，致力于推动和促进城市交通规划实践。30年来，伴随着城镇化和机动化的快速发展，构建可持续的城市交通模式已成为时代要求和行业共识，城市交通规划也从无到有逐步发展起来。特别是近10多年来，面对城市中急剧增长的交通需求和不断激化的交通矛盾，各地加强了城市交通战略研究和城市交通规划编制工作，取得了一批卓有成效的规划成果，有效地支撑了城市发展。

在分会成立30周年之际，为了促进城市交通规划事业的发展，更广泛地交流城市交通规划编制经验，分会在理事所在单位推荐的基础上，经过分会学术委员会审查，从近10年获得省部级以上奖励的获奖项目中，选取了57个城市交通规划项目汇编成本册，力求反映我国城市交通规划设计领域近10年的进展和成就，期望能为各城市的城市交通规划提供参考和借鉴。

中国建筑学会城市交通规划分会

2009年10月

目 录

北京交通发展纲要研究……………………………… 6
上海市城市交通政策研究……………………………… 8
武汉市城市交通发展战略……………………………… 10
厦门市城市交通发展战略规划……………………… 12
上海市城市综合交通规划（2000-2020）………… 16
天津中心城区综合交通规划………………………… 20
北京市城市交通综合调查…………………………… 22
南京城市交通发展战略与规划研究………………… 24
深圳市整体交通规划………………………………… 28
沈阳市综合交通规划………………………………… 32
昆山市城市综合交通规划…………………………… 34
南宁市城市综合交通规划…………………………… 36
青岛市城市综合交通规划…………………………… 40
太原市城市综合交通规划…………………………… 44
厦门市城市综合交通规划…………………………… 46
昆明城市综合交通体系规划………………………… 50
杭州市域综合交通协调发展研究…………………… 54
温州市城市综合交通规划…………………………… 58
石家庄市城市综合交通规划………………………… 62
重庆市合川区城乡综合交通规划…………………… 64
株洲市综合交通改善规划…………………………… 66
唐山市中心区域交通改善规划……………………… 68
南京市中心区（新街口地区）道路交通系统
　　改善对策研究…………………………………… 70
天津市中心城区快速路系统规划…………………… 72
西安市中心市区快速路体系规划…………………… 76
长春市近期建设规划………………………………… 78
洛阳市中心区近期交通研究与规划………………… 80
北京市区快速道路系统功能改善研究及示范工程… 82
王府井商业中心区交通规划暨一、二期实施规划… 86

哈尔滨市中央大街核心区交通项目………………… 88
济南经十路及沿线地区道路交通系统整体规划设计…… 90
沈阳市一环路交通治理规划………………………… 92
广州大学城（小谷围岛地区）道路交通及
　　市政工程综合规划……………………………… 94
上海市人民广场地区综合交通枢纽规划…………… 98
深圳罗湖口岸及火车站地区综合规划……………… 102
深圳市竹子林交通换乘枢纽综合规划……………… 104
郑州市火车站西出口综合换乘枢纽及
　　相关工程专题规划研究………………………… 106
武广高速铁路广州新客站地区规划………………… 110
国家铁路深圳新客站综合规划……………………… 112
重庆江北国际机场综合交通规划…………………… 116
北京市停车系统规划研究…………………………… 118
重庆市都市区建筑物停车配建指标规划…………… 122
台州市机动车停车系统规划………………………… 124
北京城市轨道交通线网调整规划…………………… 126
上海市城市轨道交通系统规划……………………… 130
南京城市轨道交通线网规划及调整………………… 134
沈阳市快速轨道交通线网…………………………… 136
长春市快速轨道交通线网规划……………………… 138
重庆市主城区轨道交通线网控制性详细规划……… 140
深圳市地铁二期工程综合规划策略研究…………… 142
西安市城市快速轨道交通用地控制性规划………… 146
笋岗路通道大容量快速公交详细规划……………… 150
北京市智能交通系统（ITS）规划与示范研究 …… 152
南京市公交场站总体规划…………………………… 156
厦门市城市公共交通近期改善规划………………… 158
深圳市城市交通仿真系统…………………………… 160
淮安市物流发展规划………………………………… 162

北京交通发展纲要研究

委托单位：北京市人民政府
编制单位：北京交通发展研究中心
　　　　　上海市城市综合交通规划研究所
　　　　　北京市城市规划设计研究院
　　　　　上海市综合经济研究所
完成时间：2004年
获奖等级：2005年北京市科学技术二等奖

研究背景

20世纪90年代以来，北京城市交通建设与管理投入力度不断加大，实现了交通事业的跨越式发展。然而，持续高速增长的交通需求使城市交通发展的形式和规律变得更加复杂，城市交通发展面临十分严峻的考验。因此，需要重新全面审视既有的北京交通发展战略和政策，寻求新的发展模式，遏制城市"摊大饼"发展的势头。

研究思路

在分析北京市经济、政策与交通运输发展现状的基础上，科学地诊断交通问题症结，研究交通需求变化，对交通发展方向和可能发展趋势进行判断，确定未来10～15年交通发展目标，制定北京交通发展战略，明确实现战略目标可能采取的途径选择、政策策略和具体行动。

交通发展目标

交通发展目标确定的原则：

以"三个代表"重要思想为指导，落实科学发展观，体现"以人为本"，按照"新北京、新奥运"的要求，加快构建"新北京交通体系"；结合城市总体规划调整，注重交通发展与城市发展相协调，发挥交通对城市发展的支持和引导作用；坚持交通系统规模、结构、质量相统一，标本兼治、建管并举，提高交通系统整体功能和效率。

北京交通发展的远期目标：

全面建成适应首都经济和社会发展需要，满足全社会不断增长和变化的交通需求，与国家首都

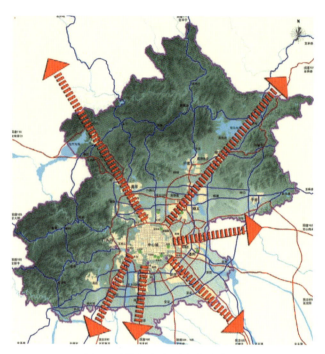

图1　对外复合交通走廊示意图

和现代化国际大都市功能相匹配的"新北京交通体系"。即"以现代先进水平的交通设施为基础，构建以公共运输为主导的综合交通运输体系；以信息化与法制化为依托，提供安全、高效、便捷、舒适和环保的交通服务；城市交通建设与历史文化名城风貌和自然生态环境相协调，引导、支持城市空间结构与功能布局优化调整，实现城市的可持续发展"（图1～图3）。

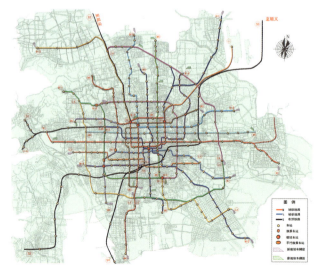

图2　市域轨道交通远期规划

图3 市区道路系统远期规划

近期目标：

2010年之前，初步建成交通设施功能结构较为完善，承载能力明显提高，运营管理水平先进，基本适应日益增长交通需求的"新北京交通体系"框架，初步形成市区、郊区和城际交通一体化新格局，市区交通拥堵状况有所缓解，为全面实现"新北京、新奥运"战略构想提供支持。

战略任务、基本政策与重大行动

两项战略任务：一是坚定不移地加快城市空间结构与功能布局调整，控制建成区的土地开发强度与建设规模；二是坚定不移地加快城市交通结构优化调整，尽早确立公共客运在城市日常通勤出行中的主导地位。同时，全面整合既有交通设施资源，提高资源使用效能。

为保证近期目标，实施五项基本交通政策：

1. 交通先导政策，坚持城市交通基础设施适度超前、优先发展，充分发挥交通建设对城市空间结构调整的引导和支持作用，实行建设项目交通影响评价和交通组织设计审查认证制度。

2. 公共交通优先政策，按照兼顾公平和效率的原则，合理分配和使用交通设施资源，在规划、投资、建设、运营和服务等各个环节，为公共交通发展提供优先条件（图4）。

3. 区域差别化交通政策，对旧城区、主城与新城采用不同的交通模式，实施因地制宜的交通设施供给与管理政策。

4. 小汽车交通需求引导政策，对小汽车交通在行驶区域、行驶时段以及停车服务等方面实行差别化调控管理，特定区域和特定时段实施必要的限制，保持汽车交通量与道路负荷容量协调匹配增长，确保市区道路系统维持基本的服务水平。

5. 政府主导的交通产业市场化经营政策，在充分考虑城市交通社会公益性，满足公众需要的前提下，积极推进政府主导的交通产业市场化步伐。

按照近期计划的要求，实施七项重大行动计划：完善交通规划体系；加快交通基础设施建设；改善城市运输服务；提高交通组织管理水平；加快交通信息化与智能化建设；营造优良交通环境；改革交通体制，加强交通法制建设。

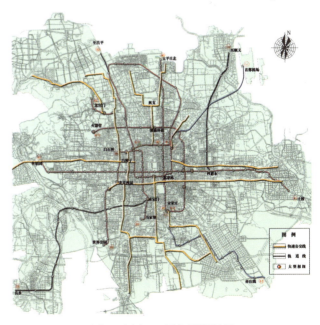

图4 市区BRT网络近期规划

上海市城市交通政策研究

——《上海市城市交通发展白皮书》技术支撑研究

委托单位：上海市人民政府
编制单位：上海市城市综合交通规划研究所
完成时间：2002年
获奖等级：2000年度国家计委优秀研究成果二等奖

研究背景

经过20世纪90年代的努力，上海长期积累的交通矛盾得到明显缓解，但是城市交通还难以适应未来经济和社会发展的需要。面对城市化步伐加快、小汽车进入家庭、轨道交通网络加速形成等新的形势，上海适时开展了城市交通政策研究，为制定《上海市城市交通发展白皮书》（以下简称《白皮书》）提供了技术支撑，并构成了《白皮书》的主要内容。

研究范围及目标年限

全市划分为中心区、外围区和郊区三个部分，中心区指内环线以内，外围区指内外环线之间，郊区指外环线以外，中心城由中心区和外围区组成。

目标年限为近期2005年，远期2020年。

发展目标

构筑国际大都市一体化交通，适应不断增长的交通需求，全面提升城市综合竞争力，提供"畅达、安全、舒适和清洁"的交通服务。

"畅达"——保证市民选择最合适的交通方式便捷地完成出行，中心城绝大多数市民出行在1小时之内完成。

"安全"——降低交通事故率，全年交通事故万车死亡率在万分之五以内。

"舒适"——为市民出行提供宽松、良好的乘车条件。

"清洁"——减少交通污染，全市机动车氮氧化物年排放总量在3.5万吨以下。

发展战略

1. 四大任务

建成协调运营的公共客运服务系统：形成轨道交通为主体，公共汽、电车为基础，出租车为补充，合理分工、紧密衔接的公交系统。

建成功能完善的综合道路运行系统：保持公交网络、步行网络、自行车网络和机动车网络平衡发展。

建成多式联运的交通衔接系统：实现公共交通与个体交通的有效转换，航空、港口等对外交通与市内交通紧密相连。

建成统一、协调和高效的运输管理系统：以先进的管理技术为手段，以法制和体制为保障，对城市交通进行综合管理。

2. 三大政策

公共交通优先政策：优先保证合理的公交用地，优先保证公交资金投入，优先保证公交高效运营，优先保证公交换乘方便。逐步形成以公共交通为主，个体交通为辅的交通模式，近期全市公交出行方式比重（含出租车）从21%提高到26%；远期全市为35%，中心区则达到50%（图1）。

交通区域差别政策：中心区发展大容量轨道交通网络为主的公共交通，完善道路等级配置，控制机动车流量；外围区以地面公交和轨道交通为主导，加快建设快速路，适度放宽小汽车等个体机动

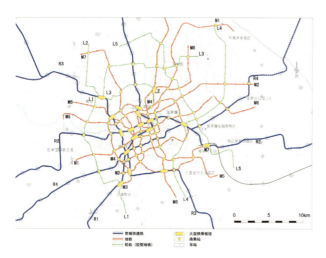

图1 远景中心城轨道网路规划方案

方式的使用；郊区重点建设高速公路网，鼓励小汽车的拥有和使用，推动城市空间有序扩展。

道路车辆协调政策：实施控制机动车总量的措施，保持路车协调发展，始终将道路网的运行状况维持在合理的水平。随着交通控制与管理能力的不断增强，着重通过道路拥挤收费、停车控制等手段调节机动车的使用。

3. 三项重点工作

整合交通设施：在持续建设道路系统、大力发展轨道系统的同时，加强枢纽设施、停车设施和管理设施的建设。建设以快速路、主干路为骨架，次

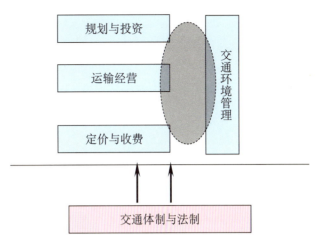

图3 交通综合管理

干路和支路为基础，保障公交优先通行，充分重视慢行交通的道路运行系统（图2）。持续快速地发展轨道交通，近期形成200多公里的基本网络，远期形成540公里左右基本完整的网络。将交通枢纽作为一体化交通的关键设施重点建设，逐步形成覆盖全市、多层次、功能完善的客运枢纽系统。以交通区域差别政策为指导，规划建设与道路容量匹配的停车系统。实施智能交通系统战略，以信息化手段促进交通与城市的协调发展。

协调交通运行：以公共交通为主、个体交通为辅，促进各种方式的紧密衔接，协调运作。大力发展轨道交通，优化地面公交网络和提高出租车运行效率，不断增强公共交通对市民的吸引力。保持小汽车与道路容量的平衡增长，有序拓展小汽车的运行空间。引导慢行交通的合理运行，发挥其短距离出行和为公交接驳服务的功能，构筑人性化的慢行交通空间。

交通综合管理：充分发挥政府、市场、公众的组合优势，对城市交通的规划与计划、投资与建设、运营与控制、价格与收费等方面进行综合协调，不断维护与更新交通基础设施，为市民提供更多、更好的交通运输服务（图3）。

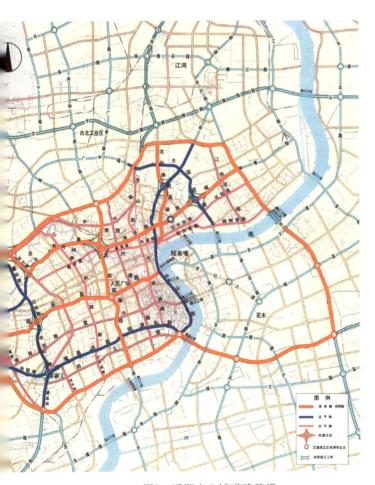

图2 近期中心城道路建设

武汉市城市交通发展战略

委托单位：武汉市城市规划管理局
编制单位：武汉市城市综合交通规划设计研究院
完成时间：2004年
获奖等级：2005年度湖北省优秀工程咨询成果二等奖
2005年度湖北省优秀城市规划设计二等奖

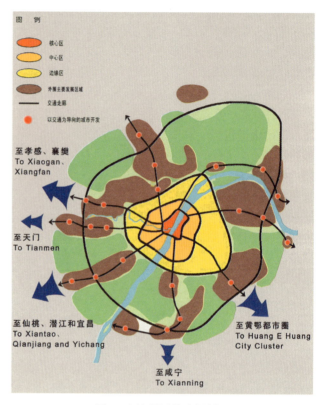

图1　土地利用战略规划图

项目背景

2003年，新一轮武汉市城市总体规划的修编工作即将开展，为了适应城市新的发展需要，实现城市土地与交通协调发展，指导中长期交通发展，武汉市规划局采取面向国际招标的形式，组织开展了武汉市交通战略规划工作（图1）。

2020年城市交通发展态势

1. 城市空间优化拓展，人口规模逐渐增大

城市人口将达到1200万，三环路以内的主城人口增长24%，给城市中心区交通带来更大的压力。

2. 社会经济持续增长，城市交通需求大幅增长

武汉市GDP达到6660亿元左右，人员、车辆出行总量将分别由现状的1380万人次/日、166万车次/日增加到2600万人次/日和450万车次/日。

3. 区域交通活动加强，内外交通衔接是关键

对外交通需求将在现状基础上有较大增长。其中，航空货运和客运将分别增长约600%和400%。

4. 机动化迅猛发展，出行方式结构变化

全市机动车数量将达到160万辆左右，城区将达到85万辆左右，小汽车出行比例上升。

5. 过江交通问题长期存在，中心区交通矛盾日益突出

跨江客流量由现状的70万人次/日增加到140万人次/日，跨江车流量由现状的22万车次/日增加到55万车次/日。

交通发展目标

总目标：进一步提升武汉作为全国重要交通枢纽的功能，按照科学发展观的指导思想，建立一个与武汉市现代化进程相适应的、可持续发展的、低耗费高效率的、多模式一体化的城市综合交通体系。

适应武汉作为湖北省会城市的需要，打造省内主要城市以高速公路为主体的6小时交通系统。

促进1+8武汉城市圈的发展，交通先行，发展以高速公路和轨道交通为支撑的城市圈交通系统。

改善市域地区交通服务，以村村通公路、客运公交化为突破，建立小康型市域交通系统。

支持主城功能拓展，一市三城、各成系统，建设设施完备、运行高效、服务优良的主城现代化交通体系。

交通战略

以科学发展观和"五个统筹"的要求为指导,坚持城市与交通多方共赢的战略,以公交优先、管理优先、系统优先、政策优先和研究优先为导向,走一体化发展的道路,全面推进包括区域交通、城市道路、公共交通、交通管理和静态交通等在内的城市交通系统均衡发展,实现武汉城市发展与交通发展双赢、对外交通与市内交通双赢、设施建设与功能提升双赢,引导城市交通健康发展,推进武汉交通现代化进程。

实施策略

2005-2010年:道路交通大投入时期。重点新建、改建城市环路和主要轴向的快速路,基本形成城市快速路骨架系统,全面改善各个层次的道路网络条件;改善常规公共交通,同步推进轨道交通前期研究及骨架线路建设,启动区域轨道连接项目;强化道路交通供给管理;启动智能交通示范工程。

2011-2020年:城市交通结构调整建设时期。以轨道交通建设为主,全面开展城市轨道交通建设,形成140公里左右的轨道干线网络(图2);道路交通进入重大项目攻坚阶段,贯通二环线控制性工程,道路建设重点转向次干道、支路建设;推进交通智能化工程。

2020年以后:城市交通现代化平稳运行时期。重点转向区域交通一体化改造,继续开展镇内轨道干线和区域轨道建设;道路发展进入少量新建和全面维护阶段;充分利用先进的技术条件进行城市交通运行组织和管理,交通运行进入智能化时期。城市交通供需达到高水平平衡。

图2　武汉市轨道线网规划图

厦门市城市交通发展战略规划

委托单位：厦门市规划局
编制单位：中国城市规划设计研究院
　　　　　厦门市城市规划设计院
完成时间：2005年
获奖等级：2005年度福建省优秀城乡规划设计
　　　　　二等奖
　　　　　2005年度建设部优秀城市规划设计
　　　　　三等奖

项目背景

2002年厦门市政府实施"厦门市加快海湾型城市建设实施纲要"，并于2003年展开城市总体规划修编。为配合城市总体规划修编，建立与城市布局相协调的交通运输系统，同步展开了厦门市城市交通发展战略规划。

规划范围与年限

以城市总体规划范围为核心，根据城市交通的

图1　城市土地利用规划（2004-2020年）

系统特点和区域协调发展的需求，适当扩展至市域范围和闽东南"城市联盟"影响区。

以2020年城市总体规划年限目标为切入点，着眼于"海湾型"城市的远景目标状态的实现。

规划目标

战略规划主要围绕两个目标层次展开，即：

目标一——实现厦门"海湾型"城市空间发展战略的长远目标；

目标二——协调2004-2020年城市总体规划的阶段目标（图1）。

总目标确定为：以建立"海湾型"城市的战略目标为指导，协调城市总体规划修编，系统把握城市交通发展趋势与需求，制定城市交通发展战略，逐步建立与城市布局结构和土地利用相协调的综合交通运输体系，保障城市社会经济发展目标的实现和为城市居民提供高效、便捷、安全的交通运输服务。

主要规划内容

1. 现状交通分析与评价

整体道路交通状况呈现着较为良好的设施水平和运行状态，道路交通供需矛盾并不十分突出。但随着海湾型城市的扩展，各种交通矛盾将逐渐凸显：跨海通道的交通压力持续增加；公共交通运输面临系统整合与升级；岛外道路交通设施的不平衡矛盾更加突出；机动车将持续快速增长，岛内交通状况恶化；对外交通系统格局发生重大变化（图2）。

2. 城市交通发展趋势特征

依据规划的300万人口城市规模和"一主四辅"的海湾型城市布局结构，城市机动化水平将达到150~200辆/千人，城市交通的出行总量、出行空间分布将发生根本性改变，并在海湾型城市扩展中呈现着不同的阶段特征（图3）。

当前城市形态阶段——突出表现为以海岛为主的内部城市交通，岛内外为弱势交通联系；跨海通道承担较强的城市对外进出交通，岛外组团间联系需求较小。

规划目标推进阶段——在岛内交通强度保持增长下，厦门岛的辐射交通联系增强；跨海通道交通功能（城市内部交通、对外进出交通）多样化，岛外组团联系得以强化。

海湾型城市完善阶段——交通需求和交通联系表现为更强的整体性；跨海通道交通功能向城市内部交通联系功能转移，岛外组团间交通联系大幅度提升，并逐步形成以岛外为区域交通的辐射圈层。

3. 城市交通发展的关键策略

依据城市发展目标方向和交通需求趋势，在城市地形条件和布局形态下，建立与土地利用协调的高效运输系统的关键策略在于：

（1）关键通道的供应策略与目标，包括跨海通道和组团联系通道；

（2）以优先公共交通发展提高交通运输效率

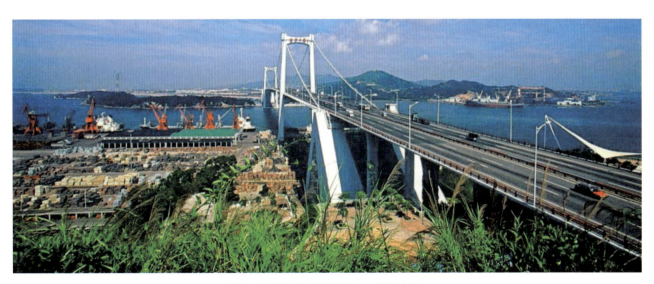

图2　建成通车的西通道——海沧大桥

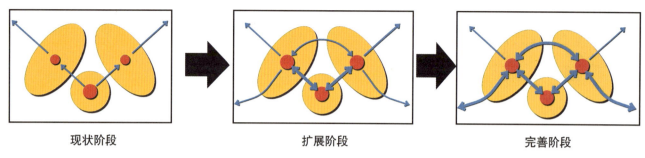

| 现状阶段 | 扩展阶段 | 完善阶段 |

图3　城市交通发展的不同阶段

和发挥骨干运输系统的作用；

（3）构建系统一体化的综合交通运输系统，发挥厦门在闽东南城市群中的地位作用，促进区域协调共进发展；

（4）预留和控制重大交通基础设施用地，引导城市开发建设和组织协调的交通运输系统；

（5）明确长远交通发展政策，制定适宜、适时的交通发展策略，特别是针对厦门特性的分区化交通管理对策及运输通道有限供给下的使用策略。

4. 海湾型城市关键通道需求与供应

厦门岛内外联系通道的一日交通需求达到56万人次，车辆7.3万pcu，在规划布局轨道交通通道和快速公交通道前提下，至少要保障单向12条以上的机动车车道。

充分利用现有集美大桥、海沧大桥，规划新增东通道和北通道，建设连接东西海域的轨道交通系统，并保障岛外跨马銮湾、杏林湾、东坑湾等主要截面的组团联系道路的规划建设（图4）。

5. 城市骨干运输系统规划策略

（1）骨干道路系统

规划形成以放射干线为主、环形联络为辅的城市快速道路格局。

放射干线——依托厦门跨海通道，形成西、北、东三个主要发展方向的快速放射交通走廊，放射干线沿岛外各片区边缘通过，并与过境交通走廊相连。

环形联络线——依据城市用地布局和功能组织形成三个不同功能的环形联络线：主干环形联络线为岛外东西海域各片区的联系走廊；次要联络线为本岛北部提供快速交通服务、连接跨海通道和调节进出岛机动车交通分布；对外交通联络线主要依托对外交通走廊，连接放射干线和组织城市进出口交通。

（2）骨干公交系统

骨干公交系统由轨道交通和快速公交系统构

图4　规划建设中的东通道——翔安隧道

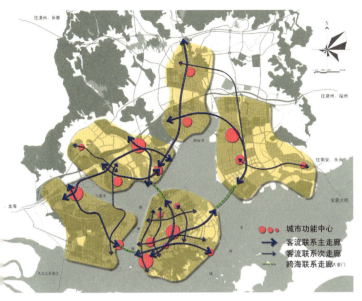

图5　公交客流联系走廊示意图

成。轨道交通系统集散跨海交通出行和城市主要功能区间的快速客运联系；快速公交系统承担区内及区间客流联系走廊的运输功能，兼顾弥补轨道交通运输服务的未及范围和集散客流作用。在城市发展过程中优先建立和完善快速公交系统，培育客流走廊和为轨道系统升级服务（图5）。

6. 内外交通系统一体化组织策略

基于厦门"海湾型"城市发展的长远目标和超大型城市的建设规模，现状及规划的部分重大交通设施的布局与功能分担将会逐步出现与城市功能组织不协调的矛盾，从长远发展战略思想出发，战略性地优化和调整重大交通设施的功能布局，主要系统的调整策略如下：

（1）进岛铁路城市化运输利用，合理组织岛内外铁路客站功能；

（2）对外公路客运枢纽逐步向岛外疏散；

（3）合理分工东渡、海沧、刘五店港区功能，加强区域港口的协作；

（4）超前考虑远景航空运输满负荷后的长远应对策略；

（5）调整物流园区功能、布局及集疏运策略。

7. 土地利用与城市交通系统协调发展建议

（1）区域城市的协调发展建议

整合厦门—泉州城镇体系发展空间，加强沿海交通走廊建设，构筑一体化交通系统衔接，预留厦门—金门通道空间和连接系统。增强厦门—石狮—晋江—泉州沿海交通走廊功能，规划沿海快速道路交通走廊和快速轨道交通走廊。快速道路交通走廊与厦门、泉州都市圈快速道路系统衔接；快速轨道交通系统连接城市大型交通换乘枢纽。

（2）城市布局结构与交通运输系统组织建议

在"四辅八片"的基本形态下，加强以马銮湾、同安湾为主的整体布局，形成相对集中的两个湾区。通过轨道交通走廊和综合交通换乘枢纽布局，优化配置东、西海域公共服务设施和居住用地，提高居住及就业在走廊沿线和枢纽周围的集聚度。增加和控制翔安沿湾区的城市公共设施用地规模，结合刘五店港口布局，预留东侧沿海岸线的战略性发展用地，考虑部分城市职能向东海域转移的战略布局（图6）。

（3）土地利用与交通运输网络的协调建议

协调城市用地功能与骨干运输系统组织，优化调整换乘枢纽周围土地利用。以"平衡交通"的引导策略，合理规划岛内外人口与就业分布，逐步升级与完善岛外公共服务设施，减少跨海交通出行。控制本岛开发规模，逐步向岛外转移相关城市职能，弱化交通出行强度，突出厦门岛风景旅游城市的特色。积极推行厦门交通系统建设引导城市发展的实践。

8. 支持城市发展的交通系统建设计划

在城市规划目标下，根据不同阶段城市发展建设和交通需求特征，分别制定了近期、中期、规划期及远期城市交通系统的建设重点和建设项目计划。

图6　东海域区域城市交通走廊规划建议

上海市城市综合交通规划（2000-2020）

委托单位：上海市城市规划管理局
编制单位：上海市城市综合交通规划研究所
完成时间：2000年
获奖等级：1999-2000年度上海市决策咨询研究成果一等奖

项目背景

1992年起连续三个"三年大变样"使得上海发生了巨大的变化。在2000年世纪交替之时，上海城市总体发展蓝图日益明朗，为了推进国际化特大型城市高标准地可持续发展，迫切需要交通先行，使其尽早发挥超前引导功能。浦东大规模开发开放，全市经济持续高速增长，城市人口明显增加，城区面积成倍拓展，都要求交通规划滚动修编，以适应新的形式和新的需求。为此，在市委、市政府的领导下，按照前建设部关于积极开展与总体规划同步编制综合交通规划的要求，由上海市城市规划管理局负责组织了《上海市城市综合交通规划(2000-2020)》的编制。

规划内容

1. 存在问题

20世纪90年代上海的交通发展取得了一些成就，交通的发展增强了城市综合竞争力，有力地拉动了经济的增长，支持了城市布局的调整。但是交通发展还存在如下问题：交通体系的整合性不强；交通设施容量不大；管理和服务水平不高；交通秩序与环境质量不佳。

2. 交通发展方向

（1）预测前提及交通需求预测

提出了三个人口增长比选方案；高增长总人口预测为2100万人，中增长预测为1850万人，低增长预测为1750万人。参照国际国内特大城市的实际状况，预测远期常住人口人均日出行次数为2.57次，流动人口为3次。高增长的远期全市人员日出行总量为5500万人次，中增长为4800万人次，低增长为4000万人次。远期高、中、低三种增长趋势对应的机动交通方式比重分别为64%、58%和52%。远期年客运吞吐总量将达到31900万人次，其中机场为7000万人次，铁路车站为12000万人次，公路为12000万人次，港口码头为900万人次。

（2）规划原则

确定了优先发展公交，逐步形成以公共交通为主、个体交通为辅、多种方式并存且合理衔接的交通模式。制定了大力发展轨道交通，优化调整地面公交，总量控制出租车，有序发展小汽车，控制减少摩托车，淘汰助动车，引导保护慢行交通的规划原则。

（3）规划目标

制定了建成"四个系统"、形成"一个体系"（简称"四一工程"）的规划目标：

第一，建成一个以有轨快速系统为骨架，地面汽、电车常规系统为基础，出租车、轮渡为辅助，具有便捷换乘设施，运输效率高，能充分满足城市人口出行需求的客运服务系统；

第二，建成一个以快速路和干道网络为骨架，密集均匀的支路为基础，具有方便停放车设施，行车效率高，足以保障各种可能态势下交通需求的道路运行系统；

第三，建成一个以空港、深水港、信息港和高速公路、高速铁路为骨架，市域道路系统与客、货运系统为后盾，具有良好多式联运枢纽设施，辐射面广且能力强，足以支撑巨大客货运集散量的内外交通衔接系统；

第四，建成一个以智能交通为核心，交通高科技发展为动力，以易达、迅速、安全、环保、高效为目标的合成运输管理系统；

第五，形成一个四系统有机构成的整合的综合交通运输体系，满足上海社会、经济和城市发展的不断提高的各种要求，增强城市的综合竞争力。

3. 优先建成"易达、便捷、舒适"的客运服务系统

规划形成以客运枢纽为中心，城市轨道、地面公交、出租车、轮渡协调发展的新模式，提高易达程度，建成"易达性、经济性和舒适性"三位一体的客运服务系统。

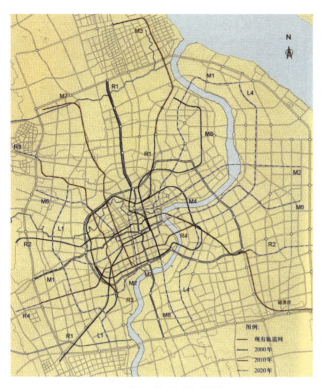

图1 远期轨道网络规划

（1）大力发展轨道交通，构筑公交主骨架

在多方案比选的基础上，以市域线（R线）、市区线（M线）、区域线（L线）为主要层次，提出了中心区网状、外围区"环+放射线"总体布局的推荐方案。加强了新城与中心区联系，轨道线路延伸至8个新城；增加了客运越江通道，支持多中心发展；满足城市对外交通需求，覆盖4个铁路客站和2个机场站；具有较高的运输效率，平均日客运强度达2.1万乘次/公里，平均高峰客流量达3.8万乘次。到2020年，轨道交通承担了内环线以内70%以上的客运周转量，起了主导作用，而市区外围地区则以地面交通为主，满足不同地区、不同交通量的需求。全市轨道交通承担了40%的客运量和48%的客运周转量（图1）。

（2）加快改善地面公交，提供多功能高档次的运输服务

结合轨道交通发展趋势，按高、中、低不同预期规划提出了公交设施规模，线路条数分别为1200条、1000条和700条；线路总长分别为13700公里、11300公里和8400公里；汽电车总数分别为2.7万辆、2.4万辆和1.7万辆，同时提出了公交专用道网络、信号优先等给予公交车辆道路优先通行权的规划对策。

（3）控制出租车规模，调整轮渡功能

规划将上海市出租车发展规模总量控制在4~5万辆，采用GPS电调和路抛制，空驶率下降至30%。规划在基本保留现有轮渡航线的基础上，重点改善轮渡设施和功能，提高轮渡的应变能力和可靠性。

（4）强化枢纽功能，整合客运系统

远期规划44个大型客运枢纽，包括8个内外交通枢纽和5个市级换乘枢纽（图2）。

4. 持续建设"安全、高容、畅通"的道路运行系统

规划建成一个以快速和主干路网为骨架、密集的次干路和支路为基础，具有方便的停放车设施，行车效率高，足以保障各种态势下机动车正常行驶的道路系统。

（1）大幅度提高中心城道路容量

规划建设外环、辅环以及放射线等快速路，缓解内环高架压力。远期，中心城内快速道路平均行程车速达到50~60公里/小时，承担40%左右的干道车公里的车流量。远期中心城重点疏通断头路，干道网长度规划为1740公里、1410公里和1140公里。

图2 客运系统枢纽规划

图3 远期郊区公路网规划

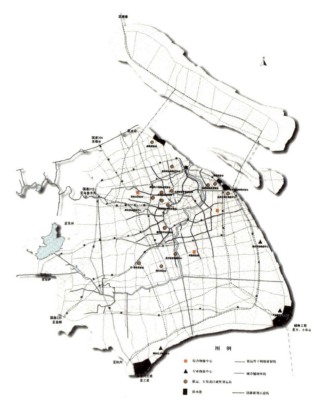

图4 货运系统规划

（2）显著提高郊区公路的等级水平

规划远期郊区干线公路总长度为2500公里、2000公里和1500公里。远期，对外放射郊区高速公路的设计车速100～120公里，切向环形道路和联系空港、海港等主要运输枢纽的公路设计车速为80公里/小时（图3）。

（3）完善分地带不同密度的停放车供应系统

CBD采用"合理低供给"的模式；中心区采用"适度供给"的模式，外围区发展"停车换乘"系统。郊区停车设施与新城、中心镇同步建设。

远期在中心区实施需求管理的前提下，供应与需求保持平衡，满足每车1.1～1.5个泊位供应水平，对应三种增长趋势，远期分别规划停车泊位380万个、280万个和230万个。

（4）形成全市域物流货运系统

进行了货运主枢纽规划和货运通道网络规划，发展多式联运的货运枢纽，并规划出了货运骨干网络（图4）。

（5）近期建设计划

以越江交通、干道、枢纽节点为重点，中心城建设560车道公里的地面道路和500车道公里的快速道路；郊区建设500多公里的高速公路。

5. 超前建成"多式联运、辐射面广"的内外交通衔接系统

将对外交通与市内交通有机整合衔接，发挥内外交通系统的最大功效。

（1）航空港衔接系统

远期浦东机场和虹桥机场旅客疏散方式为：出租车和小汽车占40%，空港巴士占25%，轨道交通占35%。

（2）铁路客站衔接系统

远期铁路旅客疏散方式中，70%采用公共交通，20%～25%使用出租车和小汽车，5%～10%采用步行和自行车等其他方式。

（3）公路客运衔接系统

规划形成"三个主站、七个副站、四个旅游集散点、若干过境站和郊区站"的公路客运站布局（图5）。

6. 大力开发"高科技、智能化"的合成交通运输管理系统

规划提出以先进管理技术作为手段，以法制、体制作为保障，形成兼顾交通规划、交通建设、交通组织、交通控制、收费与价格等多方面的高科

技、智能化综合交通运输管理系统。

7. 分阶段推进"充分整合、高度发达"的综合交通运输体系

规划提出了交通硬件与交通管理系统整合措施、综合交通运输体系政策保障措施和综合交通运输体系整合方案评价方法。

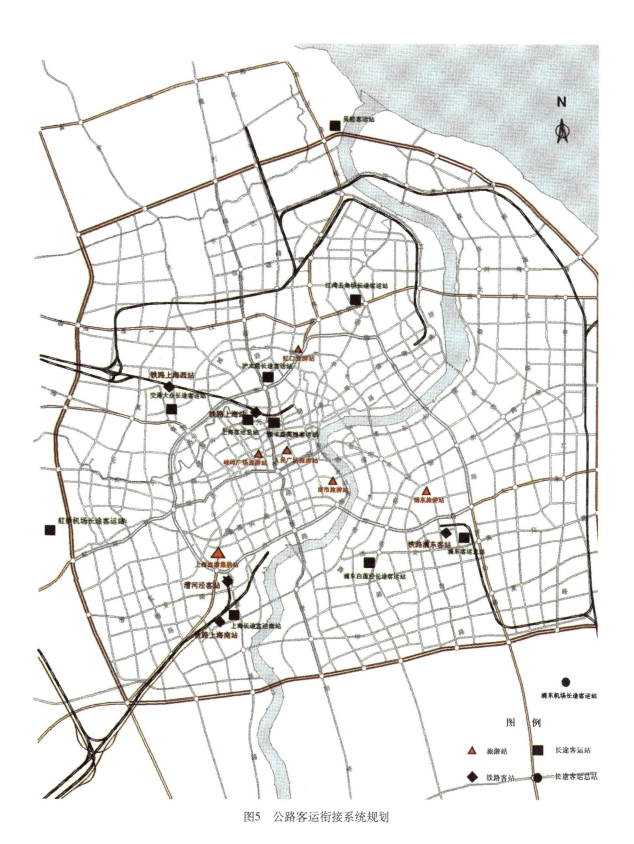

图5　公路客运衔接系统规划

天津中心城区综合交通规划

——交通需求分析

委托单位：天津市规划和国土资源局
编制单位：中国城市规划设计研究院
　　　　　天津市城市规划设计研究院
完成时间：2003年
获奖等级：2004年度建设部优秀规划设计二等奖

指导思想

为天津中心城区综合交通规划编制提供定量的交通需求分析，其目标年限确定为：现状2000年、近期2008年、规划期2020年。

1. 以交通调查为基础，总结城市交通出行的基本特征，分析变化趋势和选取特征参数，进行相关交通需求预测及变化分析；
2. 以现状及规划土地利用分析为依据，分析与交通产生、吸引和交通出行分布直接相关联的土地利用特征；
3. 保持相关研究和需求分析的延续性，并为以后规划修订建立稳定的基础工作条件。

土地利用分析

天津市沿海河、津塘走廊形成由中心城区、滨海城区和8个外围组团构成的"一条扁担挑两头"的分散组团式城市布局结构。中心城区呈现集中式布局形态，为单中心、极核式的圈层放射结构。

现状中心城区以三条环线划分成较为明显的不同城市功能区域，即内环线以内为主的核心商业、商务中心区；中环以内和中环沿线的城市中心地区；中环线至外环线的外围区域。

城市公共设施用地主要沿内环线、中环线及海河沿线布局，核心区为传统的商业中心和风貌保护区。新建居住区以中环线至外环线地区为主；现状城市工业、仓储用地主要分布于中环线以外，并相对集中于城区的南、北两端。

机动化发展水平

天津市在未来一定时期内仍处于机动化水平的高增长阶段，机动车的发展除满足社会经济发展的基本需求外，小汽车进入家庭成为带动机动化水平提高的主导因素。未来机动车发展呈现低限需求的基本态势和适度增长的高态势两个可能方向（图1）。

1. 机动车发展基本态势

机动车保持适度发展，至2020年全市机动车达到200万辆左右，中心城区客货汽车为108万辆，中心城区私人小汽车拥有水平达到150辆/千人。机动车发展基本态势是本次交通规划中交通需求分析的基础，各种交通设施的规划应满足和支持此种态势下的机动车发展水平。

2. 机动车发展高态势

至2020年全市机动车达到278万辆左右，中心

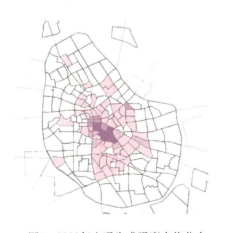
图1　2020年交通生成强度态势分布

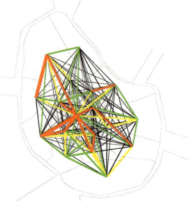
图2　2020年全方式客流OD分布

图3　2020年道路网调整规划

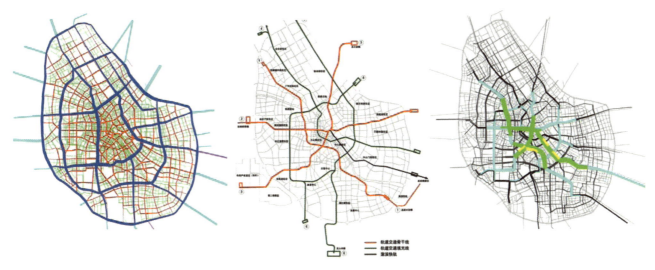

图4　机动车道路交通流量分布　　图5　2020年规划轨道交通系统　　图6　2020年轨道系统客流分布

城区客货汽车为144万辆,中心城区私人小汽车拥有水平达到220辆/千人。高态势作为机动车发展的弹性方案,在道路交通设施规划中适度满足此种态势下的机动车发展需求,并以此种发展方案进行道路交通设施的远景适应性分析。

3. 交通出行分布

中心城区居民日出行总量将由2000年的945.68万人次增加至2020年的1264.88万人次,增幅达33.8%。特点如下：

（1）内环以内地区是出行的主要吸引区,而中环至外环地区是出行的主要产生区；

（2）居民出行、流动人口出行、枢纽点出行的分布呈现不同特点；

（3）出行量向外围区扩展,于核心区集聚；

（4）出行生成强度呈"极核→核心圈层→外围地区"由高至低的特点；

（5）出行生成强度表现为单中心、圈层式及不平衡的空间分布态势。

2020年全方式客流出行（OD）空间分布的特征演化为：

客流出行在空间上表现为更强烈的中心放射形态,客流出行的重心依然位于核心区,并在中环沿线地区出现多个相对集中的出行次中心,整体客流出行重心偏于海河西侧和中心城区南部的态势较为明显。

以中心放射的客流仍表现为不均衡的空间分布态势,主要分布方向为中心城区南部及西南部,次要分布方向为东北部和西北部,并由此形成了连接核心区的东南－西北和西南－东北两条主要出行分布带（图2）。

4. 骨干运输系统测试与评价

（1）骨干快速道路系统测试评价

基于城市布局结构和土地利用,结合未来城市交通走廊分析,分别建立了"环形放射"、"通道"不同布局形态的快速道路系统方案。运用EMME2交通规划软件,从网络系统规模、承担道路系统交通比例、网络负荷、出行可达性、交通运输效率服务水平等多方面进行测试（图3、图4）。

（2）骨干客运系统测试评价

规划骨干客运系统由轨道交通和公交优先系统组成。测试分析主要从不同交通系统承担出行结构比例、最大断面出行量、出行速度、服务水平、单位时间的出行可达范围等多项指标进行系统的优化比选（图5、图6）。

5. 中心城区机动车停车需求分析

机动车停车需求由住宅区内停车需求、住宅区外停车需求和外来机动车停车需求三部分构成。预测2020年住宅区内停车需求为80.92万个泊位,住宅区外停车需求为76.47万个泊位,外来机动车停车需求为1.10万个泊位。

北京市城市交通综合调查

委托单位：北京市科学技术委员会
编制单位：北京市城市规划设计研究院
完成时间：2002 年
获奖等级：2003年度北京市科学技术二等奖

项目背景

1986年，北京市进行过第一次全市性综合交通调查，之后10多年北京市城市交通规划与建设一直沿用1986年的调查数据。为全面衡量北京市城市交通发展状况和更新基础数据库，提高城市建设决策的科学化水平，于2000年秋季到2001年春季组织开展了本次北京市全市性综合交通调查。

城市交通综合调查总体设计概要

1. 调查目的

分析10多年来城市居民出行、车辆出行源流强度及其时空分布等方面变化的规律，掌握北京市区交通的基本状况和主要交通特征，建立反映北京市交通发展变化的动态数据库，完善北京市的交通模型，为实施城市交通发展战略，优化土地利用结构，以及为城市交通基础设施建设的发展和管理决策提供数据支持。

2. 调查内容

在分析城市交通系统内部结构、作用机理与综合交通调查关系的基础上，确定了具体的调查内容：居民出行调查，流动人口出行调查，机动车出行调查，客流吸引点调查，道路核查线调查，对外出入口机动车交通调查，道路交通供给设施调查，就业、就学岗位及机动车保有量分布调查，公共交通、地铁客流调查，货流分布调查（图1）。

调查方案

1. 居民出行调查

调查范围：城近郊八区、通州镇、昌平县城、黄村、门城镇（大峪镇）、顺义县城、亦庄以及沙河镇。

调查规模：抽样率2.5%，调查总规模6.4万余户，约合18.4万人。

调查方法：采用调查员入户询问调查。

2. 流动人口出行调查

调查范围：城近郊区。

调查规模：抽样率1%。

调查方法：以入户询问调查为主，同时在旅馆、车站、机场等流动人口休憩、集散地进行现场询问调查。

3. 机动车出行调查

调查范围：全市。

调查规模：抽样率10%，约81130辆机动车。

调查方法：按机动车牌照尾号等距抽样，发放调查表格，调查员负责调查表格的回收和检验。

4. 客流吸引点调查

调查范围：城近郊区（主要为四环内）。

调查规模：500～600个吸引点。

调查方法：根据吸引点单位数据库进行抽样，以实地观测和进入吸引点单位询问调查相结合。

5. 道路核查线调查

调查范围：中轴沿线和朝阜路沿线所有相交路段，约70个。

调查方法：实地观测和估测相结合。

6. 北京市对外出入口机动车交通调查

调查范围：市界。

调查规模：20余条出入境道路。

调查方法：实地观测交通流量和拦车询问调查相结合。

7. 道路交通供给设施及土地使用状况调查

调查内容：道路网、公交线网、地铁线网建设状况，土地使用状况。

调查范围：全市。

8. 就业、就学岗位、机动车保有量分布调查

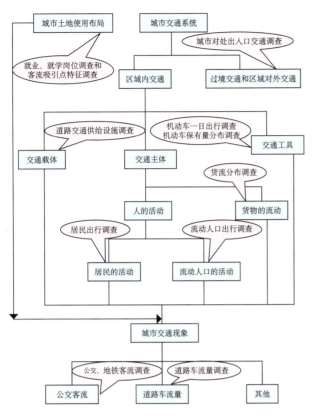

图1 城市交通、综合交通调查关系示意图

调查内容：就业、就学岗位、机动车保有量的分布状况。

调查范围：城近郊。

9. 公共交通乘客调查

调查范围：公交线网覆盖范围。

调查规模：所有公交（含地铁）线路。

调查方法：统计乘客流量，公交（含地铁）站点实地观测、询问。

10. 货流调查

调查范围：全市。

调查规模：抽样率10%，约2000辆货车。

调查方法：结合前交通部每年例行公路运输抽样调查一并进行。

调查成果

课题研究形成了《北京市城市交通综合调查工作报告》、《北京市城市交通综合调查技术报告》、《北京市城市交通综合调查分析研究报告》、《北京市城市交通综合调查数据库》等成果。

对北京市交通系统发展现状进行了分析评价：城市发展呈现出新的变化特征，对交通系统发展影响重大；居民出行需求特征发生深刻变化，城市交通需求迅猛增长；公共交通系统建设取得巨大成就，但仍需艰苦努力才能在城市客运中发挥骨干作用；私人交通迅猛增长，成为城市交通问题的焦点与难点；出租车运输作用突出，其发展方向需要深入研究确定；北京市越来越受到周边省市交通运输影响，交通枢纽地位凸现。

提出了相应的发展政策：继续加强基础设施建设，强化需求管理措施；建立科学客运结构，完善公共交通客运体系；加强货运管理，促进现代物流发展；积极采用高新技术，推进交通管理智能化。

项目创新性

在居民出行调查和机动车出行调查中采用了同步编码的方式，节省了后续处理的时间，使得成果能够及早地应用于市政府部署的"六大系统"研究工作中；探索了应用互联网进行居民出行调查的可能性，为今后在这一领域中的进一步开拓打下了良好的基础。

南京城市交通发展战略与规划研究

委托单位：南京市人民政府
编制单位：南京市城市交通规划研究所
完成时间：2001年
获奖等级：2000年度南京市科技进步二等奖

项目背景

20世纪90年代中期，南京市城市化进程加速，"一年初见成效、三年面貌大变"的城市发展目标，推动了以道路交通为重点和突破口的城市建设，为科学引导城市交通建设和发展，1997年开展了新一轮城市交通规划编制工作，并成为2001年南京城市总体规划调整的重要专项规划之一。

规划内容

1. 规划期限、规划范围、规划人口

规划期限：近期2000年，中期2010年，远期2020年。

规划范围：市域6597平方公里，都市发展区2947平方公里，主城258平方公里。

规划人口：2020年，市域约800万，都市发展区约600万，主城约280万。

2. 规划原则

要与南京大都市发展战略规划和发展时序整合联动；要支撑和引导城市发展，为实现新世纪南京城市发展目标提供畅达的运输保障；要提供不同空间范围上人和物流动的可达性、舒适性和安全性；要与保护和发扬南京城市特色、塑造南京最佳人居环境、实现南京城市可持续发展的要求相适应。

3. 规划目标

构筑一个与南京现代化大都市发展进程相适应的、高效率的、一体化和人性化的城市综合交通体系。

- 建成高度发达的对外交通系统和国家级主枢纽城市；
- 建成结构合理、功能完善的道路网络系统；
- 建成便捷舒适的公共交通系统、大运量捷运系统；
- 建成科学先进的交通管理与指挥控制系统。

4. 远期交通发展规划

（1）面向国际的交通发展

空运：提升禄口机场国际空港的地位，增加国际航线航班，通过快速空运提高进出口贸易份额，增加与上海大型国际机场的快速联系通道。

远洋：重点加快龙潭港的建设，推动国际化集装箱运输、汽车滚装运输发展，加快运力结构调整。

欧亚大陆桥：充分利用京沪铁路、宁连高速和规划的宁西铁路，与欧亚大陆桥相连，打通南京与欧洲的陆上通道。

（2）面向区域的交通发展

形成"十线汇集"的综合铁路枢纽。构建沪宁杭一体化的快速交通网络，推进沪宁杭都市绵延区发育。规划建设沪宁高速铁路、沪宁铁路电气化改造、宁杭铁路、沿江高速公路、宁杭高速公路等（图1）。

构建国家级的交通主枢纽。完成南京站改造工程、龙潭港，建设高速铁路南京站、南京公路主枢纽信息指挥中心、王家湾物流中心、航空港配套工程等。

打通沿江大通道，东应浦东，西联中西部。规划建设宁西铁路、宁襄铁路、宁铜铁路复线改造，继续发挥长江水运和第一大内河港的优势。

（3）大都市圈交通

第一，建设"一小时交通圈"快速交通网络

实现以南京为核心的快速轨道交通网和高速公路网的规划建设。"一小时交通圈"范围覆盖扬州、镇江、马鞍山、芜湖等城市，地理半径约为100公里。在大都市圈内，各城镇与南京主城的常规交通联系方式控制在2小时内。

快速轨道网以京沪高速铁路、京沪铁路、宁启铁路、宁芜铁路、宁杭铁路为骨架，以江南江北两条沿江轨道线为主形成与大都市圈空间主方向相应的快速轨道通道，提高铁路在大都市圈内的联系作用。

快速道路网以城市间的高速公路为主骨架，包

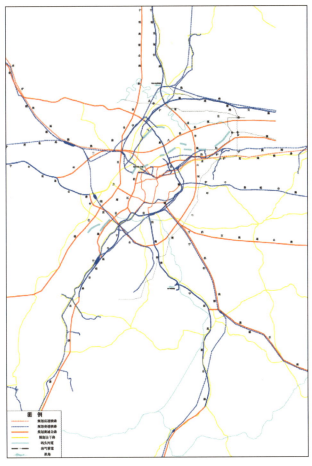

图1　大都市圈交通网络规划

括沪宁、宁通、宁高、宁杭、宁芜等九条射向高速公路。高速公路与城市的外围快速（环）路相连，形成四通八达的高速路网。

第二，以轨道交通为轴线，引导城市空间轴向扩展

用四条快速轨道交通线将四条城市带串联起来，以增强城市间的快速交通联系，缩短南京与这些城市间的单程出行时距。同时，城市带的空间拓展以这四条快速轨道交通线路为纽带和走廊，呈跳跃式延展（图1）。

（4）都市发展区交通

第一，公共交通引导新市区、新城开发

安排好土地利用空间布局与轨道、公交线网及场站的衔接，在主城与三大外围新市区中心镇间分别提供不少于2条轨道交通线，其中至少1条轨道交通线与市中心区直接相通。轨道交通在主城内形成方便的换乘枢纽站，在主城外呈放射状布局，辅以轻轨交通、城市化铁路等方式联系其他外围新城，轨道交通线路总长达400公里以上。都市发展区到达南京市中心的出行时间控制在40分钟内。

第二，顺应机动化发展要求

在都市发展区，建设以主城为中心，"两环"为纽带，"九条通道"为骨架的四通八达、辐射周边的现代化高速路网。"两环"即主城外环和高速二环，既起到截流和疏解过境交通的作用，又是都市发展区内新市区、新城之间重要的联系通道。"九射"为联系江北新市区和新城的长江大桥、纬七路过江大桥，联系仙西新市区、新尧和龙潭新城的栖霞大道、312国道、沪宁高速，联系江宁新市区的宁杭高速、宁溧路、机场高速，联系板桥新城的宁马高速。

加强新区的道路建设，包括江北浦珠北路、滨江大道，江南栖霞大道东延、沿江大道、仙西地区路网的建设等。加强新区道路网络的整合，处理好与对外交通网的衔接（图2）。

（5）主城交通

第一，以交通走廊引导城市整体发展

规划"三纵四横"7条主城客流走廊，以大容量轨道交通为骨干（远期），辅以地面公交优先（近远期），服务主要通勤走廊、市中心商业区和对外交通港站等客流集散中心。

规划"两纵两横两连"主城机动车流走廊，快速疏解片区间南北向长距离交通，拦截并分流主城南部进城的辐射交通与对外交通。

第二，道路网体系

城市道路网体系要适应智能化交通组织、公共交通优先、适度的汽车化水平和机非分流运行等要求。主城道路网由快速路、主干道、次干道和支路组成，各级道路红线宽度为：主干道40～60米，次干道28～40米，支路15～24米。快速路的红线根据交通量和横断面布置等因素综合确定，机动车道原则上不少于6条。

主城需增加250～500公里交通性支路。保证主城总体路网密度达6～7公里/平方公里，中心区路网密度达8～10公里/平方公里。支路网建设必须结合旧城改造、新区开发同步进行（图3）。

第三，客运交通体系

综合确定南京轨道交通线网的密度为0.5～0.7公里/平方公里、中心区线网间距为2公里左右。主城轨道交通由地铁、轻轨、市郊铁路等共同组成，

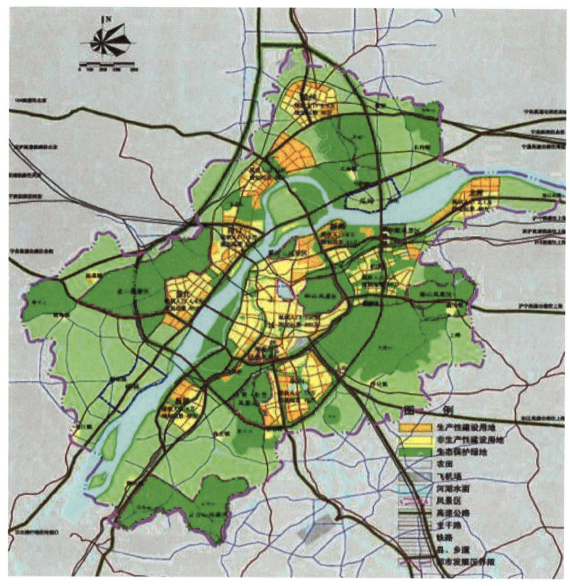

图2 路网规划图

线路在主要客流走廊上布设,主城内部线路总长度约150~180公里。

主城公共汽、电车线网密度应不低于3.0公里/平方公里,城市中心区不低于4.0公里/平方公里。公交站点300米半径服务覆盖率不低于50%。

远期自行车出行比例宜维持在20%~25%左右。以实现机非分流、改善交通秩序、方便市民出行为目的,通过加密支路网、调整干道横断面、建设自行车停车设施等多种措施,着力解决自行车交通通畅、安全和停放等问题。

加大步行设施建设,加强步行空间的改造和管理,所有人行道道面施行永久性门厅化铺装,并设置盲道、无障碍坡道。人行道与非机动车道或机动车道之间设置柔性(或绿色)隔离。交叉口、人行横道处设置人行信号灯,并提供语音提示,确保行人(包括残疾人)安全过街。有条件的商业中心、商业街、公共活动中心设置步行区。

第四,静态交通

主城社会停车泊位总需求约6万个,外围新区、新城约6万个。重点规划布置在城市新街口、山西路、河西、铁北等中心商业区、外围副中心、城市公共活动中心、对外交通枢纽、旅游景区、外围地铁枢纽站等地区。

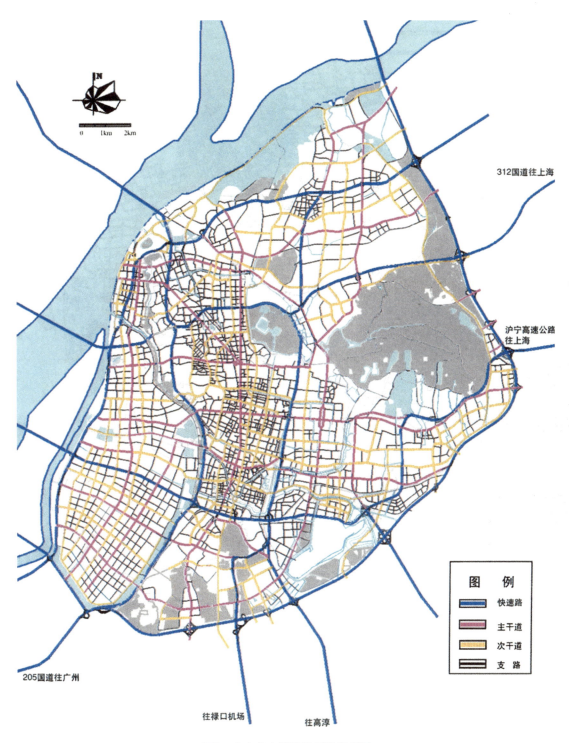

图3 南京市主城道路系统规划图

深圳市整体交通规划

委托单位：深圳市规划局
编制单位：深圳市城市交通规划研究中心
完成时间：2005年
获奖等级：2007年度广东省城乡规划设计优秀项目评选一等奖
2007年度全国优秀城乡规划设计二等奖

规划综述

随着区域的加速融合、城市化进程的快速推进以及机动化水平的迅速提高，深圳市交通供需规模不断扩大，交通问题日趋复杂，各种交通系统之间急需整合。深圳市整体交通规划确定了全市一体化的交通发展战略，制定了14项交通发展策略、4项近期重大政策及215项具体措施，不仅指明了深圳市城市交通的战略发展方向，而且为深圳市近期交通的发展明确了重点。

规划特色和实施

规划以"整合"为核心，围绕一体化交通发展战略，内部整合各种交通方式的设施规划、建设、运营、管理和收费，外部协调与区域合作、城市发展、土地利用以及环境保护的关系。制定了各类交通设施的空间布局方案与发展计划，系统地提出了城市交通发展政策，实现了由传统的物质型交通规划向综合型交通规划的转变。

依据本规划，深圳市政府制定并颁布了交通规划年度实施计划，在5年内安排了1600亿元，有序推进轨道、公交、道路、枢纽等各类交通基础设施建设。规划制定的轨道带动发展、公交区域专营、行人公交优先、费用使用者自付四项重大政策全面推进，轨道二期工程整合了沿线各类交通设施，促进了土地的集约化利用以及与交通的协调发展；公交企业特许经营改革取得重大突破，全市34家公交企业整合为3家，公交企业数量多、规模小、经营分散、管理相对落后的局面得到了根本扭转；公交专用道、行人及自行车交通系统建设持续开展，公交、行人交通环境明显改善；实施了停车收费调整，重点提高了商业办公区的停车收费标准，对调控交通拥挤区域小汽车的使用发挥了显著作用。

规划内容

1. 交通发展战略目标

规划提出了构筑以轨道交通为骨干、常规公交为主体、各种交通方式协调发展的一体化交通体系的交通发展战略目标，确定了实现战略目标的4项核心指标：

公交分担率：2010年提高到60%以上；2030年

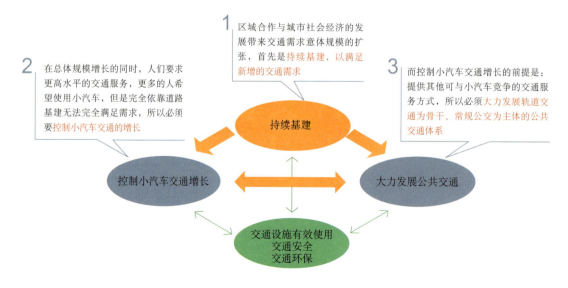

图1 深圳市交通发展策略示意图

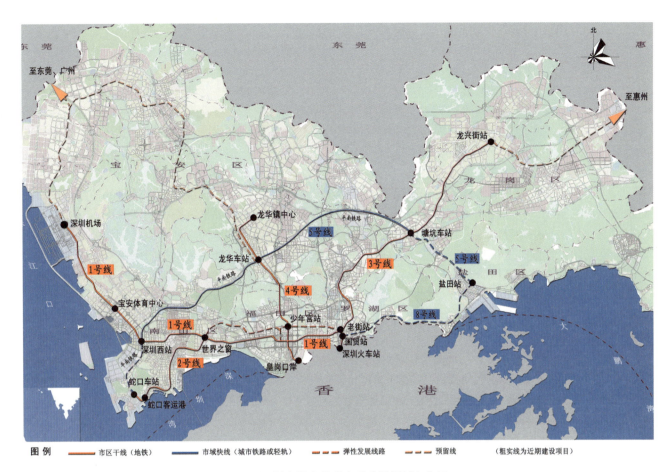

图2 深圳市城市轨道交通建设规划方案图

提高到80%以上。

路网平均车速：2010年中心城区高峰小时的路网平均车速在20公里/小时，外围区域在30公里/小时以上；2030年中心城区高峰小时的路网平均车速在25公里/小时，外围区域在30公里/小时以上。

交通安全水平：2010年交通事故死亡率降到每年80人/百万人以下；2030年降到每年50人/百万人以下。

交通环境保护：2010年机动车排污总量较2003年减少30%；2030年机动车排污总量较2003年减少75%。

2. 交通发展策略

围绕上述战略目标，规划提出了14项交通发展策略（图1）：

发展策略一：促进土地利用与交通发展的进一步融合。加快特区外城市化进程，推进城市结构向多中心网络化组团式结构转变；推进轨道带动土地开发的模式，调整轨道二期工程沿线的土地利用，整合沿线的交通设施，引导交通出行向轨道站点聚集。

发展策略二：强化区域交通基础设施。加快建设国家级铁路枢纽、珠三角城际轨道；完善高速公路网络；扩建、完善机场、港口和深港交通衔接设施，提升区域中心城市功能。

发展策略三：加快轨道交通建设。建设轨道二期工程1号线延长线、4号线延长线，2、3、5号线，在2010年前形成约140公里的轨道骨干网络（图2）。

发展策略四：整合道路体系。近期加快建设"一横八纵"干线道路，完善过境和疏港专用通道；整合城市道路和公路，对特区外道路按照城市道路标准统一建设，把特区外的道路管理纳入城市道路管理体系（图3）。

发展策略五：构筑一体化的交通枢纽设施。建设龙华铁路新客站等各类城市对外客运交通枢纽；建设以轨道站点为核心的38个城市内部交通枢纽。

发展策略六：平衡停车设施供应。按照区域差别供应和分类供应的原则，实施停车改善规划，严格按新标准配建停车位；引导停车场的市场化建设,改善停车执法手段,加大处罚力度,提高停车收费(图4)。

发展策略七:优先发展公共交通。重组公交企业、整合公交资源,分阶段逐步推进公交区域专营,实现公交专营体制由线路专营为主向区域专营为主的转变;进一步优化、调整公交网络结构,推进轨道与常规公交的整合,促进公交网络布局一体化;建设大运量快速公交系统,扩大公交专用道范围,设置公交优先信号,推广车辆营运跟踪系统和乘客服务信息系统,全面提高公交运行效率;加强公交枢纽、场站等基础设施建设,由政府统一建设管理公交场站;加强公交营运监管,建立适应于公交区域专营模式下的行业监管与约束机制,改善营运服务,提高营运效率;配套制定公交财税补贴优惠政策,实行合理的专营期限,激励专营企业增加投资,改善服务(图5)。

发展策略八:缓和小汽车交通增长。通过提高停车收费,研究中心区拥挤收费和道路整体收费,调控拥挤区域、拥挤时段的小汽车使用;通过加强外地车管理,严格本地车的车牌管理,逐步控制小汽车总量的增长。

发展策略九:构筑以人为本的行人交通空间。严格按相关标准设置行人过街设施;扩大安装行人过街信号灯的范围和数量,改善交叉口的行人过街设施和信号相位;在核心商业区设置步行街或步行区;完善行人与轨道及公交站点的接驳设施。

发展策略十:协调货运交通发展。加强铁路货运设施建设,强化多式联运设施的供应,健全综合运输体系;加强货运通道建设,优化货运交通组织;加强货运市场管理,引导货运企业重组,促进物流业健康发展。

发展策略十一:提高交通设施的使用效率。理顺交通管理体制,推进全市统一管理;增强交通管理能力,加大交通违章处罚力度,有效进行交通管理;健全交通管理长效机制,完善交通管理设施和交通监控设施,定期进行交通组织优化和交通监控优化,保障交通高效运行。

发展策略十二:改善交通安全,减少交通事故。建立交通安全管理的长效机制,对交通事故多发地点进行定期排查和整治,逐步实行道路交通设施安全设计;加强交通安全宣传和教育,通过各种途径对各类人群开展交通安全宣传与教育培训,提高交通参与人的交通安全意识与交通文明程度。

发展策略十三:加强环境保护,减少交通污染。提高车辆排放标准,降低机动车尾气污染;采用车辆和道路的降噪技术,优化货运交通组织,降

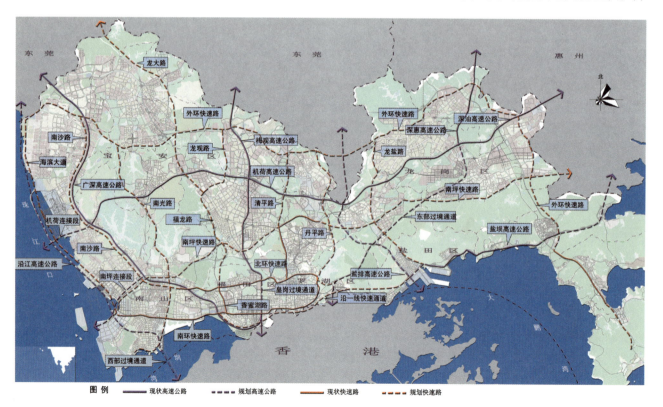

图3 深圳市干线道路网规划方案图

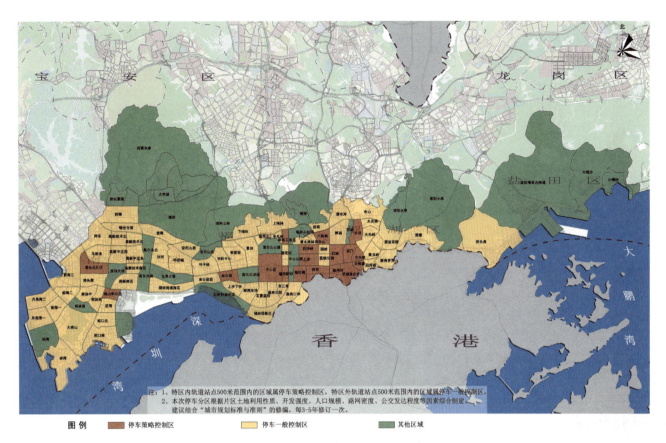

图4 特区停车指标分区图

低机动车噪声污染。

发展策略十四：广泛应用交通新科技。建立一体化的城市交通信息系统，加强交通信息采集基础设施建设，逐步建立和完善交通信息发布与诱导系统以及先进的交通管理系统，建立先进的公交营运调度系统，研发、推广公交乘客信息服务系统以及货运信息服务系统。

3. 近期重大政策

围绕建设"和谐深圳"、"效益深圳"，近期深圳市交通发展的核心任务是优先发展公共交通，优化客运方式结构，必须尽快实施以下四项重大政策：

政策一：轨道带动发展，以轨道发展带动沿线土地的开发，形成轨道建设与土地利用"互动双赢"的模式，同时加强轨道交通与其他交通方式的协调配合，提高交通系统的运行效率；

政策二：公交区域专营，重组公交企业，整合公交资源，实现公交专营体制由线路专营为主向区域专营为主的转变，逐步构筑多模式、一体化、适度竞争的公共交通体系；

政策三：行人公交优先，全面实施公交优先，创建便捷、安全、舒适的步行系统，引导市民采用"公交+步行"的出行方式；

政策四：费用用者自付，通过停车收费调整、中心区域拥挤收费等措施，调节车辆的使用，保证道路资源的高效利用，确保公共交通在城市交通中的主体地位。

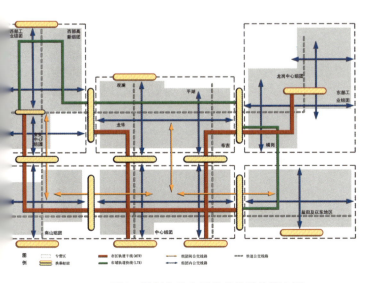

图5 深圳市公交网络总体结构概念图

沈阳市综合交通规划

委托单位：沈阳市城乡建设委员会
编制单位：沈阳市规划设计研究院
完成时间：2006年
获奖等级：2005－2006年度辽宁省优秀工程勘察设计一等奖

规划背景

为促进现代化的综合交通运输体系形成，把沈阳市建设成为东北地区的交通枢纽中心，支撑沈阳市社会经济快速发展，开展了沈阳市综合交通规划编制。规划范围分为三个层次：市域，12881平方公里；市区，3471平方公里；三环以内，455平方公里。规划期限：近期2010年；远期2020年。

总体发展目标

全面建成与社会经济相适应，与历史文化名城和生态环境相协调，满足全社会不断增长和变化的交通需求的"畅达、高效、绿色、安全"的综合交通体系。

畅达：构筑高速公路、高速铁路、快速轨道交通及快速路组成的"两高两快"大运量捷运系统，保证沈阳市内外交通畅达有序（图1）。

高效：主城区通勤出行时耗在45分钟以内；实现市域及经济区1小时交通圈，沈阳到辽宁省主要城市2小时交通圈。

绿色：突出公共交通的主体地位，使其在远期达到交通出行分担率的50%；严格控制交通污染，汽车尾气排放达到"欧Ⅲ标准"；交通噪声得到有效控制，昼间道路交通噪声下降到58分贝。

安全：交通秩序与交通安全水平明显改善，万车事故率下降到10次；道路交通事故万车死亡率下降到2人以下。

交通发展模式

确定了"多方式一体化交通"的交通发展模式，即走一条以公共交通为主体，轨道交通为骨干，合理发展小汽车交通，考虑自行车和步行交通长期存在的交通发展之路。

规划内容

提出了近、远期城市交通发展的具体方案。

1. 构筑高速化、网络化的对外交通系统

形成"七射一支"的城际铁路网，形成"两环、七射、一过境"的高速公路系统，形成"内客外货"的铁路网系统，建设服务于东北亚的区域级中心机场。

2. 建设"安全、高效、畅通"的道路运行系统

形成有轴向拓展能力的环形+放射的路网结构，新区与母城之间均有四条以上干道相联系，打通断头路12处，规划新增9座跨越浑河的通道，形成"一横、两纵、两环、十射、一联络"的快速路系统；完善路外公共停车场规划，解决重点商

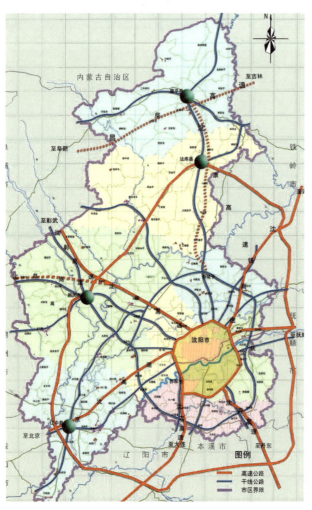

图1　沈阳市高速公路网规划图

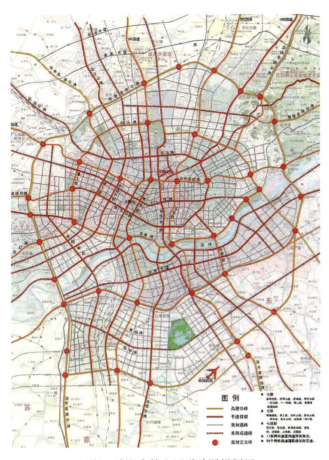

图2　沈阳市核心区道路网规划图

业区、老住宅区、学校及其他热点地区停车难的问题，提高沈阳市建筑物停车配建标准（图2）。

3. 建设"易达、便捷、舒适"的客运服务系统

以换乘枢纽为锚固点，以地铁1号线和2号线为主骨架，形成环形放射式的轨道交通网；轨道交通线网布局与城市空间格局高度融合，以轨道交通支撑高度集约化的用地结构,引领城市形态向外拓展（图3）。

优化现有公交线网，形成主干线、次干线、支线三个层次的网络结构；建设沈阳市"模式灵活、辅助成网、近期先导"的快速公交优先系统。

规划建设各级公共交通枢纽共46个。

4. 形成市域物流货运系统

推荐发展四个大型物流园区，规划建设3个二级货物流通中心，规划建设8个道路货运场站或物流配送中心。

5. 开发"高科技、智能化"的交通管理系统

强化交通需求管理，实现供需平衡；重视交通安全，减少交通事故；发展智能交通，推进城市交通信息化。

近期建设规划

根据沈阳市交通发展的实际情况，提出了近期城市交通建设项目和具体实施方案：

1. 建设三好桥、新立堡桥、东塔桥、燕塞湖桥、五爱通道等跨河通道，强化浑河两岸联系。

2. 建设兴华街、云峰街、南四马路等铁路地道桥，加强市内各区的交通联系；新建北部开发大道、西部开发大道、南三环等重要城市干道，拓展城市发展空间；打通昆山路—联合路、小什字街—工农路等通道，完善道路网。

3. 搬迁沈阳站货场，把集装箱功能迁移到榆树台站，零担业务迁移到苏家屯编组站，专用线迁移到大成站。

4. 建设哈大客运专线。

5. 新建快速轨道1号线(东西向)、2号线(南北向)。

6. 建设沈阳—营口的出海通道。

7. 成立停车管理委员会，规范停车秩序，新建立体停车场，完善停车配建标准。

8. 逐步建立智能交通系统，完善行人过街安全设施。

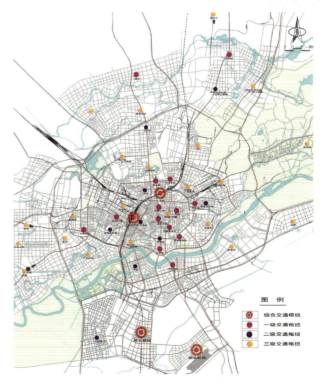

图3　客运交通枢纽布局规划方案图

昆山市城市综合交通规划

委托单位：昆山市规划局
编制单位：南京市城市交通规划研究所
完成时间：2007年
获奖等级：2007年度江苏省城乡建设系统优秀勘察设计二等奖

项目背景

《昆山市城市总体规划（2002－2020）》于2003年底通过论证，总体规划实施需要规划本身的进一步细化、深化，特别是与之配套的重要基础设施的规划，为此开展了综合交通规划的编制工作。

规划年限和范围

规划年限：基年2005年，近期2010年，远期2020年，远景展望至2050年。

规划范围：与城市总体规划保持一致，即规划覆盖全市域927.68平方公里。在区域及对外交通方面考虑了与周边区域的协调，规划重点范围是中心城区（具体为由苏州东绕城高速公路、G312、顺陈路、城北路所围合的区域，面积185平方公里），同时适当考虑东部快速城市化地区。

发展态势分析

改革开放以来，昆山市城乡经济发展迅速，城市化和城市机动化进程明显加快，城市人口和交通需求快速增长。特别是近年来，昆山市依托得天独厚的区位优势和交通优势，已成为上海大都市边

图1　昆山市高速公路网规划图

缘重要的"卫星"城市、沪宁走廊的门户型城市。目前，昆山市已率先实现了"基本达到全面小康社会"的目标，并形成了以制造业为支柱、高度发达的外向型经济体系。在经济全球化、区域经济一体化的背景下，城市发展具有明显的特征，包括产业国际化、区域城市化、城市机动化等，这些都对昆山市的城市综合交通体系提出了新的要求，包括：

1. 区域经济一体化发展要求区域交通一体化先行；
2. 城市自身发展步入新阶段要求城市交通采取新的理念和发展模式；
3. 机动化进程加快呼唤前瞻性的城市交通发展战略和综合交通体系规划；
4. 城市品质和品位的提升要求交通运输提供高标准和高水平的运输服务。

规划内容

1. 发展理念及战略目标

根据昆山市的现状实际情况和未来城市化和机动化发展趋势，分别采用聪明增长交通系统（Smart Growth Transportation System）、绿色交通系统（Green Transportation System）和一体化交通系统（Integrated Transportation System）的交通规划理念从不同的角度来指导本次城市综合交通规划。

发展战略目标：

（1）建成高度发达、多式联运、协调发展的区域交通系统；
（2）建成结构合理，功能完善的道路交通设施与运行系统；
（3）建成便捷舒适、城乡一体化的公共交通系统；
（4）建成层次分明、布局合理、有机衔接的客运交通枢纽系统；
（5）建成标准化、信息化、现代化的物流体系。

2. 对外交通规划

规划"三横两纵"高速公路网。三横包括沪宁高速公路、苏昆太高速公路、苏沪高速公路；

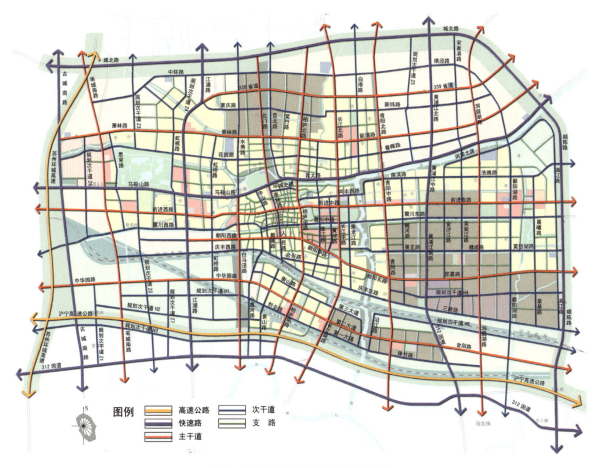

图2 昆山市中心城区干道网规划图

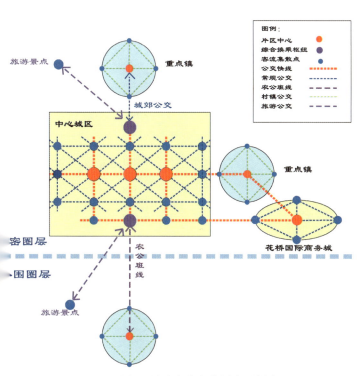

图3 昆山市公交线网布局概念图

两纵为苏州绕城高速公路、上海郊环高速公路（图1）。

3. 道路网络系统规划

规划"田"字形的快速路系统，总长度为55.6公里，路网密度为0.35公里/平方公里；规划形成"五纵五横"的主干路网，总长度153.1公里，路网密度0.96公里/平方公里；规划次干路网215公里，路网密度为1.34公里/平方公里（图2）。

4. 公共交通规划

与中心城区相邻的重点镇将发展成为市区外围城市组团，二者之间的联系以城郊公交及高等级的快速公交联系为主。

外围城镇组团与市区距离较远，二者之间主要依靠以农公班线联系，并结合片区特点设置旅游公交作为补充。

同步考虑枢纽站的建设，提高公交出行的便捷性，促进公交一体化的发展（图3）。

南宁市城市综合交通规划

委托单位：南宁市人民政府
编制单位：上海市城市综合交通规划研究所
完成时间：2002年
获奖等级：2003年度建设部优秀城市规划设计三等奖

项目背景

南宁市位于祖国南疆，是广西壮族自治区首府，自治区政治、经济、文化、信息中心，我国西南出海通道的枢纽，具有民族特色的亚热带现代化园林城市。南宁城市发展目标是要建成"中国绿城"。

南宁市自20世纪90年代后期开始进入较快发展期，短短几年城市人口增加了近30万人，2001年常住人口已达到130万左右。与此同时，城市建成区范围迅速扩展，2001年末城市建成区范围已接近120平方公里（图1）。

然而，南宁城市交通因历史原因长期发展滞后，供需矛盾严重、管理水平不高、发展目标不明，导致摩托车畸形发展，千人拥有量达国内特大城市之首，城市交通秩序混乱、交通安全低下、交通拥挤严重。交通问题已成为南宁能否建成"中国绿城"城市发展目标的关键因素。

城市交通发展特征

1. 摩托车大量普及，成为城市最主要出行方式

1990年南宁城市摩托车还不到1万辆，但是经过10多年的发展，尤其是90年代后期的急速发展，到2001年南宁城市各类摩托车总量已高达40万辆左右，占南宁机动车辆比例达85%以上，并且仍以每年5万～6万辆的速度快速增长。从拥有率来看，2001年南宁城市平均每1.2户拥有一辆摩托车，千人摩托车拥有率高达300辆以上。在城市的出行方式结构中，摩托车的比重超过其他所有方式高居首位，达到32%左右。如此高的摩托车出行比重，当时在全国特大城市中位居首位。

2. 道路、公交、各类场站等交通基础设施相当落后，交通混乱

与城市摩托车极其发达相比，城市交通基础设施异常落后，规模小、布局乱、结构不合理是2001年南宁城市各种交通基础设施的普遍状况。就道路

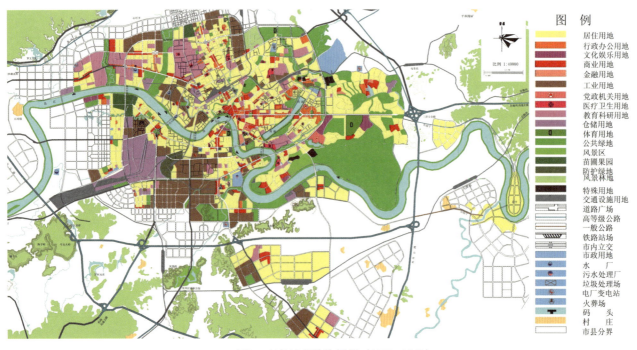

图1　南宁城市总体规划（1995-2010）

图2 远期南宁城市道路网络规划方案

网而言，中心区道路普遍狭窄、结构比例失调，人均道路面积仅7平方米。路网中存在许多断头路、畸形交叉口，南北不通、东西不畅、越江困难是道路交通的真实写照。

城市各种场站枢纽设施分布极不合理，进一步加剧了交通问题。火车站周边集中了全市4个主要大型公路客运站和各种货运站，与之相对应的是缺乏设置公交换乘枢纽的空间。设施的缺乏、管理的混乱，导致中心区交通内外混行、客货混行、机非混行，不同目的、方式的交通相互间干扰大，道路事故率高、运行效率低下、高峰拥挤严重。

交通发展战略与政策规划

1. 交通发展战略

根据预测，2020年城市居民出行总量达500万人次/日，车辆出行总量达1200万车公里/日。为了适应"中国绿城"可持续发展以及交通需求的不断增长，规划提出了南宁市交通发展战略为"创造一个生态的、捷运的、促进中国绿城发展的'绿色交通空间'，重构城市机动交通结构、规划一体化现代交通系统，到2020年公共交通成为城市机动化出行的主要方式，公共交通比重占机动化出行方式的60%以上"。

2. 交通发展政策

优化居民出行方式结构，减少摩托车拥有与使用，大力发展替代交通方式构成了综合交通规划最重要的发展政策。

对于摩托车，采取抑制策略——"控制使用、逐步减量"，提出停止新的摩托车入户注册、对现有摩托车加强年检淘汰、市中心区主要路段限制摩托车行驶等措施。

对于公共交通，采取优先策略——"加快发展、不断升级"，提出优化扩大公交网络、完善枢纽及场站布局、推广公交专用道、加强公交体制改革等措施，并适时发展城市轨道交通。

对于小汽车，采取控制策略——"适度发展、合理引导"，提出通过停车供给、收费等区域差别引导小汽车合理使用等政策。

城市一体化现代交通系统规划

根据城市交通发展需求预测及战略要求，南宁城市综合交通系统规划由"道路运行、客运服务、内外衔接、交通管理、交通环境"等五个子交通系统组成。

图3 远期南宁城市轨道网络规划方案

1. 道路运行系统

按照"环＋放射线"布局，在南宁中心城内规划了一个由"三环"快速路与"五横三纵"主干道网络组成的骨干路网，总规模达130公里左右。规划各组团内部以网格路网为主，中心区与外围组团、对外道口用放射性干道连接。为分流中心区大量交通穿越并加强外围组团间联系，规划了三环快速路和四环高速公路等环路系统（图2）。根据分析，三环内（含三环）道路供应能力从2000年的46万标准车公里/小时增加到2020年的近140万标准车公里/小时，远期中心城道路供应能力增加了近2倍。规划核心区（邕江北）设置机动车停车泊位1.5万个，其中公建配套1.2万个，路内停车及公共停车场0.3万个。

2. 客运服务系统

客运服务系统包括常规公交、轨道交通以及其他公共交通系统。规划由3条主线、1条支线组成共70公里的城市轨道线网，设置60个站点，中心区平均站间距为800米，直接服务70万～80万人口和50万～60万个工作岗位（图3）。规划1280公里的地面公交网络，以及"两横两纵"公交专用路网络，车辆规模控制在3000辆左右，布设公交停车、保养、修理场16处40万平方米。远期城市出租车拥有量控制在25～30辆/万人。

3. 内外衔接系统

内外衔接系统包括火车站、各类公路客货运站以及公铁、公水联运枢纽。规划铁路南宁站日均旅客发送2万人次左右，形成包括城市轨道、公交等在内的现代综合交通枢纽。提出了"四主四辅以及若干区域站场"公路客运枢纽规划布局，公路货运枢纽形成"一交易中心、三物流基地以及若干区域站场"布局。规划公路—铁路、公路—水运、公路—航空物流联运枢纽各1处。

4. 交通管理系统

按照"客货分离、内外分离、机非分离、信号控制"的原则,制定了中心区限制摩托车与货车、停车供给与收费区域差别、夜间货运等交通需求管理措施,确定了机动车专用道路、摩托车与货车限行道路、公交专用道等交通系统管理措施,规划了交通信号自适应系统、实时道路信息系统、城市交通控制中心等智能交通系统。

5. 交通环境系统

交通环境系统立足发展清洁、安静的城市交通体系。规划提出中心区创造条件发展占地少、污染低的城市轨道交通,鼓励单位客运量排放污染小的交通工具,积极提高排放标准,提高油品质量,鼓励清洁能源使用,重视车辆更新换代及加强车辆的检测、维护(I/M)。

城市近期交通建设计划

1. 完善内外路网、越江桥隧布局,加快二环、三环快速路以及高速环路与放射性高速公路建设,新建永和、葫芦顶大桥、桃源等多座桥梁,拓宽改造人民西路、衡阳西路等中心区多数主次干道,贯通支路系统。

2. 完善公交网络与场站布局,提高公交运营车速。新增40条左右的公交线路,新建火车站、朝阳花园、埌东等12个公交枢纽以及20个首末站,至2005年公交车辆总数达到1500辆,设置朝阳路、江南路、民族大道、邕江一桥、西乡塘路、民主路—人民西路—新阳路等公交专用道。

3. 建设客货枢纽,提高内外衔接水平。新建埌东客运站、江南客运站、金桥客运站,将火车站附近三客运站逐步搬迁至新建的外围区。新建南宁综合物流中心、货运北站、货运南站,自2003年逐步取消快速环路内中心城区域的货运站。

4. 完善路口信号控制,发展智能交通。渠化改善交叉口30个左右,建设南宁交通信息中心及交通控制与信息服务网络,建成快速环路、高速公路、越江设施的ETC(电子收费)系统。

5. 严格限制摩托车发展,发展绿色交通。停止新的摩托车入户注册,快速环路内区域禁行外地摩托车(含桂F,邕宁和武鸣两地的摩托车)。实行机动车尾气排放检查,淘汰污染高的机动车辆(图4)。

图4　近期城市交通管理实施

青岛市城市综合交通规划

委托单位：青岛市规划局
编制单位：上海市城市综合交通规划研究所
　　　　　青岛市城市规划设计研究院
　　　　　青岛市规划局
完成时间：2003年
获奖等级：2005年度山东省优秀城市规划设计二等奖

项目背景

1992年青岛市通过行政中心迁移，开始实施东部大开发战略，城市社会经济持续10年处于超常规发展，城市空间大大扩展，机动化进程加快，客货运输量成倍增加，但城市交通供需矛盾也日益突出。2003年青岛市提出：未来五年，要"构建可持续发展的经济体系、构筑有特色的现代化国际大城市框架、提升城市核心竞争力"，又要为成功举办2008年奥运会帆船比赛作准备。为了统筹规划城市交通系统，适应城市发展要求，编制了青岛市城市综合交通规划。

现状问题

交通结构问题：城市化趋势明显，非机动化方式仍占"半壁江山"；常规公共交通是居民出行的主要交通工具，但比重仍不高。

道路网络结构与功能问题：城市路网骨架逐步形成，但结构尚不合理，次干道比例明显偏低；中心城区内部、东部新区、西海岸中心组团间仍缺乏大容量通道；中心区道路高峰时段车速下降，主要交叉口阻塞严重；停车需求增长很快，供需矛盾突出。

公共交通发展问题：公交层次单一，服务水平不高，综合竞争力不强；公交场站建设严重滞后，有效保障机制缺乏，发展后劲不足。

内外交通衔接问题：火车站缺乏综合型、多方式换乘设施；青岛机场缺乏与市内连接的大容量、快速客运系统；对外高速公路网络缺乏与之衔接的市内快速路及干道网络；港口尚未建立多式联运的运输体系，缺少集疏运通道。

交通管理问题：管理措施局限于传统的交通流组织，管理技术手段较为单一，技术含量不高，缺乏系统全面的交通管理规划。

发展目标与模式

到2020年，居民日出行总量达到1289万人次，流动人口300万人次，机动车出行量达到330万车次。

在"发展原则、综合原则、优先原则"等三项规划原则基础上，提出以交通引导战略、公共交通主导战略、交通投资适度超前战略和交通需求控制战略等四个战略作为支撑，指导城市交通的规划、建设、运行和管理，形成以公共交通为主导、小汽车适度发展、多种交通方式并存的交通发展模式。

规划方案

1. 对外交通规划

规划建设一个"海陆空"三位一体的对外交

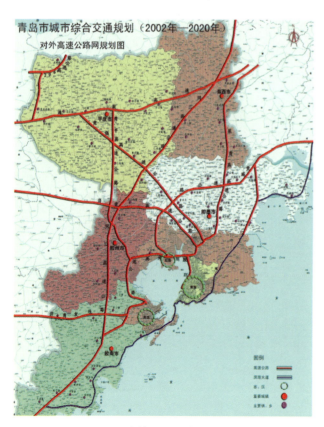

图1　市域骨干公路网规划

3. 公共交通系统规划

规划建成一个以公共交通为主体、其他方式为辅的高质城市客运服务系统。各种交通方式设施完善、换乘方便；对外客运枢纽布局合理，内外客运融为一体；形成安全、舒适、便利的步行环境。近期要逐步完善地面公交系统，及时进行轨道交通建设，远期要构筑城市轨道系统、地面公交系统、个体交通协调发展格局，实现客运系统整合发展。

公交系统要面向大众，提高易达程度，实现公共客运交通"易达性、低价性、舒适性"。至2020年，公交方式比重要达到38%以上。规划形成以"放射状"8条轨道交通线为骨架、主要客流走廊地面公交为基础、37个换乘枢纽相串联的公共交通系统（图4）。

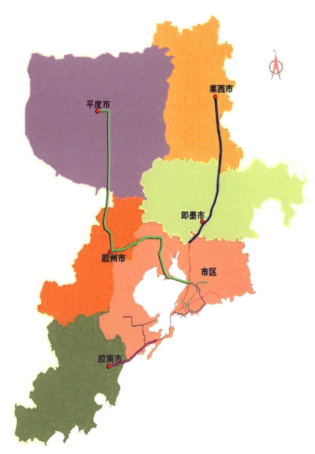

图2　市域轨道交通线网布局规划

通运输系统。以国际化空港、现代化海港、高速铁路、高速公路为骨干，多式联运的综合枢纽为纽带，充分发挥综合性立体化运输的优势，保证人流、物流安全、快速地流动（图1、图2）。

2. 道路网系统

市区道路网络总体布局为"三环围绕，三点放射，两连横跨，一线展开"，环间和放射线间通过快速路和干道联络。三环围绕指改建胶州湾高速为内环，新增环湾主干道环为中环，市区青银段与204环湾段构成外环；三点放射指结合青岛市环湾"品"字布局，市区路网的三个主要径向放射源为青岛、黄岛和红岛；两连横跨指东西岸跨海通道联系为两条；一线展开指滨海交通通道市区段。

规划路网总长度为3905公里，路网密度达到8.4公里/平方公里，道路面积率18.4%，人均道路面积约17平方米。路网平均饱和度为0.48，平均行程车速为32公里/小时（图3）。

图3　市区道路网布局方案

图4　市区轨道交通布局方案

4. 物流系统规划

规划建成一个高效的城市物流运输系统。以物流园区、物流中心、港口、机场、铁路货运站、公路货运站为主要物流节点，规划建设物流快速集散的交通通道，满足城市发展对货物集疏运不断增长的需求，提高货运效率。规划形成以港口物流园区和城阳物流园区为中心的"两个园区，四个中心，若干配送中心"的总体物流园区布局，并主要通过环胶州湾高速、济青高速、G204、G308等进行货运集疏运。

5. 交通枢纽规划

规划建成一个多式联运的交通枢纽系统。以公共交通枢纽站、公路客货运站、铁路客货运站、民航机场、港口码头为主要交通节点，建成换乘/联运便利、服务完善、环境优美的城市交通枢纽系统。规划形成"三主六辅三旅游"的公路客运枢纽总体布局，以及青岛火车站、城阳高铁站和黄岛站组成的铁路客运站布局，改造老港形成国际海港客运中心，在浮山湾建设奥帆国际游艇码头。

6. 静态交通规划

按照基本保证"自备车位"、社会停车泊位与机动车拥有量的比例达到15%左右、停车供应以路外停车设施为主的总体目标，对公共停车场的规模、布局、形式进行了规划，并针对原有配建标准进行了调整修正。

7. 交通管理规划

规划建成一个协调的城市交通智能化管理系统。以先进的管理技术为手段，以法制和体制为保障，以易达、安全、环保、高效为目标，对城市道路交通进行综合管理，建立智能化交通管理系统，营造宽松自然的城市交通环境。通过合理组织货运过境交通，设置城市货运交通限制区，规划专用的疏港货车通道形成完善的货运交通组织。通过设置城市的主要道路的客运专用道和部分单向公交逆行的公交专用道等措施，形成网络化的公交专用道系统。

图5　市区道路近期建设示意图

图6 市区公交线路近期优化图

近期交通建设

在未来城市交通总体发展框架下，以2008年奥运会为背景，针对急需解决的交通问题，提出了一系列近期交通改善方案。

道路网规划建设重点围绕青黄跨海北通道、南北向的客货运快速通道、前湾港疏港道路系统和既有路网的完善提升四方面展开（图5）。

公共交通近期规划建设主要措施包括：增加55～60条公交线路；在台东—威海路—人民路—四流南路—四流中路—钢厂一线、火车站—啤酒城一线实施全线公交专用道；扩充运能，至2006年公交车辆总数达到5200辆左右；大力建设公交场站设施，近期共规划建设浮山后等停车保养场8处，新增停车面积26万平方米，提供车位2080个；加快公交枢纽规划建设，在台东、火车站、胜利桥、长途站等规模较大的客流集散点，规划建设换乘枢纽18处（图6）。

内外衔接枢纽近期规划建设重点包括：完善公路主枢纽功能，加快旅游站建设；综合改造青岛火车站，提升青岛城市对外形象；扩展空港规模，改善衔接交通系统；初步建成海上旅游交通系统，提供多元化旅游交通服务。

货运交通结合港区调整，以优化完善货运通道、建成城阳综合物流园区为主。

静态交通包括建设8～9个公共停车场，增加公共停车泊位约6600个；利用部分支路、高架桥、立交桥下面辟设路内停车场所，建设20～25处路内停车处，停车泊位数700～800个。

太原市城市综合交通规划

委托单位：太原市规划局规划编制研究中心
编制单位：上海市城市综合交通规划研究所
　　　　　太原市城市规划设计研究院
完成时间：2007年
获奖等级：2007年度山西省规划行业优秀设计
　　　　　二等奖

现状分析

交通与城市形态拓展不协调：南北向缺乏骨架道路和客运通道引导城市拓展，东部区域发展缺乏路网支撑，城市单中心圈层式结构所产生的强大向心交通导致中心区交通系统难堪重负。

公交发展速度缓慢：公交服务水平较低，缺乏足够的吸引力，2004年居民出行方式结构中公交比重仍只有11%。

道路交通供需失衡：道路总体路网供给水平不足，主次支路比例1：0.59：1.60，路网结构严重失衡，导致运行效率低下。

货运通道规模不足：作为中心枢纽城市，缺乏货运通道，客货运输相互干扰严重。

交通管理水平落后：管理手段较为落后，缺乏信息化、电子化、智能化技术应用。

静态交通滞后：停车设施规模供应不足，路边

图2　远期城市道路网规划

停车普遍，严重影响了正常的动态交通运行。

内外交通衔接不畅：枢纽位置和规模不合理、对外运输通道规模不足。

交通战略

1. 战略目标

城市交通发展战略目标是构建一个与中心城市地位相匹配的，具有功能完备、公平高效、安全经济、环境友善的现代城市综合交通体系，适应和支持城市社会经济发展需要和城市空间的合理拓展，满足并有效调节不断增长变化的交通需求，支撑和引导城市的可持续发展，确立并强化太原市的中心和枢纽城市地位。

2. 战略构想

以南北向复合通道引导带状城市形态发展，未来3~5年内应尽快形成小店新城与主城区中心组团和北部组团联系的复合通道；未来5~15年以复合通道加强太榆都市圈各组团与中心城的联系，促进中心组团的开发；未来15~30年以复合通道加强组团之间及内部的联系，全面推进太原市的城市开发；远景（30年以后）以复合通道加强与周边城市的快速联系，促进1小时交通都市圈的一体化发展。

图1　近期道路网改善方案

一体化综合交通体系规划方案

1. 道路网规划

顺应城市南向发展，构筑南北向快速通道，选择建设路沿线为新旧城区快速通道，瓦流路为河西南北向快速路，滨河东西路为协调性城市准快速路，与北中环街、南中环街形成"中"字形快速路骨架；结合高速公路环的形成，实现出入口联络线快速化；理顺并完善旧城路网布局，外围增补城市次干道；增设跨河桥梁，规划打通跨铁路干道，疏通东西联系；新城及外围组团严格按规范的路网密度形成（图1、图2）。

2. 对外交通规划

规划形成一个与太原区域交通枢纽定位相匹配的"多式联运、辐射面广"的内外交通衔接系统；规划公路主枢纽客运站7处，公铁联运货运主枢纽7处，形成以高速公路环和城市中环为主骨架的货运通道系统。以石太客运专线及太中银铁路线引入为契机，形成货运线东山外绕客进货出的太原铁路枢纽格局（图3）。

3. 客运系统规划

建立快速公共交通为主体的公共交通系统，形成主干线、次干线、支线相结合的等级功能合理的地面公交线网结构。

在地面公交的基础上，考虑以太原南站、北营站、机场及公路长途客运站等大型枢纽为节点，规划建设轨道交通系统（图4）。

图3　市域对外交通规划

图4　远景主城区轨道线网规划

4. 静态交通规划

保证基本的"自备泊位"要求；规划社会停车泊位与机动车拥有量的比例为15%～20%；制定了中心区适度供给，紧张区域限制供应，外围区充分满足需求的规划对策；路外停车设施应成为供应的主体，路内停车作为有限的补充。

5. 交通系统管理规划

交通系统管理规划包括三个部分：

交通需求管理规划（TDM）：主要规划措施为用地调整、枢纽调整、经济杠杆以及行政手段。

交通系统管理规划（TSM）：网络层面主要为交通流组织，包括各种专用道、机非分流、人车分离、单向交通等。节点层面包括交叉口形式、信号控制系统等。

智能交通系统规划（ITS）：构建"一个中心五个系统"构成的智能交通系统。

6. 近期政策及建设计划

形成"四横五纵"公交专用道网络，初步形成快速线路、骨干线路、基础线路、辅助线路四个层次线路协调发展的公交线网格局；加快中心区停车场规划实施，配建公共停车位约7720泊位；完善道路网络，梳理道路功能，初步形成城市快速路系统；加快客货运枢纽建设，完善对外交通系统。

厦门市城市综合交通规划

委托单位：厦门市规划局
　　　　　厦门市交通委员会
编制单位：厦门市城市规划设计研究院
　　　　　中国城市规划设计研究院
完成时间：2007年
获奖等级：2007年度全国优秀城乡规划设计三等奖

规划背景

基于建设厦门海湾型城市、实现跨越式发展和着力推进海峡西岸经济区建设的战略，新一轮《厦门市城市总体规划（2004－2020年）》修编完成。如何建立与城市发展协调的交通体系，支持和引导城市开发，实现城市交通的可持续发展，成为本次综合交通规划编制的重要背景。本次规划范围、规划年限保持了与新一轮总体规划修编的一致性，并充分考虑厦、泉、漳区域一体化背景下的交通系统发展和重要交通设施的战略布局。

核心规划范围——即城市总体规划确定的1565平方公里市域范围。

扩展研究范围——以厦门、漳州、泉州为中心的闽东南地区。

区域协调范围——根据不同交通系统所确定的重要影响范围。

规划远期——2020年。
规划近期——2006－2010年。
规划中期——2011－2015年。
规划远景——2020年以后。

规划原则

遵循从宏观到微观、区域到局部、定性与定量相结合，充分反映厦门城市社会经济发展目标方向和个性交通特征，强调规划编制的前瞻性、系统性和操控性的协调统一。

以交通发展趋势为导向——通过对现状交通问题的剖析和城市交通发展趋势的判断，确定未来厦门市正确的交通发展方向和适宜的发展目标。

以区域协调发展为背景——充分考虑厦门在闽东南沿海和海峡西岸经济区建设中的作用，强化综合交通枢纽地位，组织一体化交通运输体系。

以构建厦门"海湾型"城市布局为基础——基于城市发展空间的战略转移和岛内外的共同发展，确定与城市布局结构和功能组织协调的交通运输模式，合理构建骨干运输网络系统。

以城市土地利用为依托——以交通体系建立和运输组织服务引导城市土地开发，形成与城市土地利用密切结合的综合交通运输系统。

以提高交通运输效率为根本——确定不同运输系统的功能定位、综合规划各交通运输网络，合理布局交通设施，有效组织不同运输系统的衔接，以高效率的运输系统保障城市交通出行需求。

以规划的操控性为前提——规划注重交通发展的前瞻性和战略性，更注重配合城市总体规划目标的操作性以及交通设施控制的有效性。

现状分析与评价

厦门已形成铁路、公路、航空、港口多方式的综合对外交通系统，港口及航空运输枢纽地位突出，承担着闽南金三角地区对外交通联系的集散枢纽作用。厦门整体城市交通运行尚属基本正常，但

图1　综合交通系统规划

发展态势不容乐观，主要表现在：交通恶化态势呈加速发展、公共交通运输的进一步发展面临调整与优化的关键时期、岛内外道路交通设施不平衡的矛盾突出、控制性交通资源的制约作用明显显露、应对城市交通协调发展的导向政策体系尚未建立。

在"一主四辅八片"空间布局和"一主二副三次"中心结构下，未来交通出行呈现以本岛为中心的放射式分布形态，本岛强中心出行地位突出，交通生成量占全市的37%，跨海交通出行达到50万人次/日（单向）以上。同时，由于厦门中心城市地位和区域交通枢纽功能的提升，与东西两翼泉州、漳州呈现更加密切的交通联系。

交通发展模式选择

规划提出厦门"构建枢纽型、开放性和一体化的综合交通运输模式"及"形成与城市发展协调、以公共交通为主体的城市交通发展模式"。

在综合交通系统发展中，着力建设区域综合交通枢纽，构建开放性区域运输网络，组织一体化运输衔接等。在城市交通发展层面，调控机动车适度发展水平，建立多元化公共交通运输服务体系，以骨干运输走廊引导城市发展。

发展目标及发展战略

交通发展总目标为：服务海湾型城市长远发展目标，支持海峡西岸经济区中心城市职能发挥，全面提升城市综合竞争力，建立与城市社会经济发展相协调、交通发展模式适宜、运输组织合理、设施网络完善、高效便捷和可持续发展的综合交通运输体系（图1）。

交通发展战略包括：构建厦门"枢纽型"、"开放性"对外交通体系；建设与城市布局协调的道路网络系统；发挥骨干快速客运系统（快速轨道+BRT）作用及引导城市发展；合理组织多方式、一体化、高效整合的运输体系；多措施、多手段提高交通运行效率。

交通系统规划

1. 对外交通系统衔接规划

协调对外交通系统发展规划，优化各对外交通方式布局及场站功能，整体组织对外交通客货运集散，提出重要交通系统如港口、机场的长远

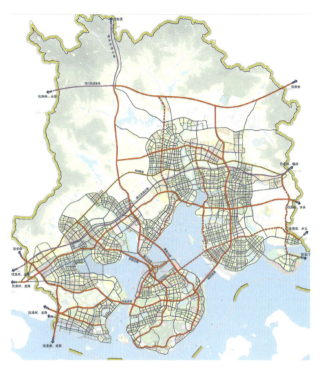

图2　远景城市道路系统规划

发展策略。

（1）港口——是综合运输的主枢纽港和集装箱运输的干线港，实现区域航运中心和多功能、综合性国际化港口。全港货物吞吐量2020年达21000万吨，集装箱1500万标箱，客运量200万人次。

（2）铁路——依托沿海和沟通内陆的铁路干线，形成东南沿海区域性铁路枢纽，规划期末旅客发送量达到1530万人次，铁路货物总运量达到2560万吨。

（3）公路——进一步增强厦门国家公路主枢纽地位，加强沿海通道、积极拓展内陆辐射通道，实现闽东南沿海漳州—厦门—泉州1小时高速公路交通覆盖圈。

（4）航空——实现厦门高崎国际机场大型航空枢纽的全国定位，2020年旅客吞吐量达到1800万～2000万人次，货邮吞吐量为120万～160万吨。

2. 城市道路系统规划

基于"放射+环形"的路网主骨架组织各片区与用地布局协调的主次干路网，系统组织客运通道及机动通道，提出不同功能区支路密度控制指标、各级道路红线及断面形式、主要交叉口形式和用地控制规模等，并对远景道路网的扩展进行规划预留。

以"一环、三射"为主骨架，辅以快速道路联

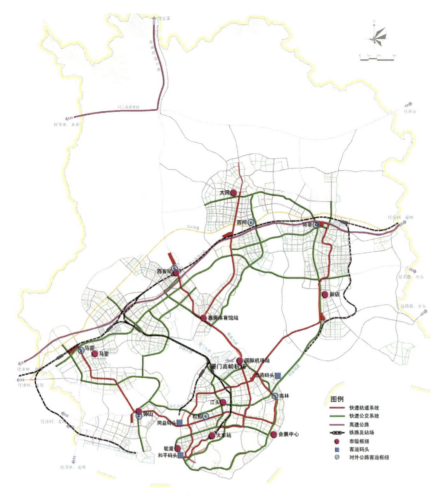

图3　客运系统组织规划

络线，形成联系岛内外、衔接过境交通走廊、对接厦漳泉区域快速通道的开放性快速道路系统。规划期快速道路系统总规模为296公里，远景达到384公里（图2）。

3. 公共交通发展规划

确定规划期轨道交通线网布局、快速公交通道（BRT）和岛内外常规公交优先系统，通过各级枢纽布局形成高效整体的客运服务网络。以多方式客运系统的合理利用，提出出租汽车、小汽车及轮渡的规划建议，并针对性地组织服务厦门岛风景旅游城市职能的旅游交通集散。

规划期内形成厦门以大运量快速客运系统为骨干（快速轨道交通+BRT），常规公交为主体，出租车、轮渡多方式协调互补的公共交通运输体系，力争公共交通系统占城市全方式客运出行比例达到45%，远景目标达到60%左右（图3、图4）。

4. 停车发展规划

在总体停车需求预测下，确定分区停车策略和停车规模布局，并对当前实行的配建停车标准提出差别化的调整建议。

从节约用地、合理引导城市交通出行、保持风景旅游城市特色等多方面考虑，建议厦门未来停车供应的总体泊位率为1.2泊位/车。

近期建设规划

提出近期综合交通发展建设策略，重点强化对外交通系统完善和枢纽地位提升，在城市道路交通设施建设上本着"岛外建设、岛内补充完善"的原则，积极建设跨海通道和片区联系通道，形成海湾型城市的基本道路骨架。在公共交通系统近期建设中，着手实施公交运输网络整合，开辟快速公交通道，启动超前建设城市轨道交通程序，培育客运换乘枢纽等（图5）。

图4 公交枢纽布局规划

图5 近期建设项目规划

昆明城市综合交通体系规划

委托单位：昆明市人民政府
编制单位：昆明市城市交通研究所
完成时间：2006年
获奖等级：2007年云南省优秀城乡规划设计项目一等奖

项目背景

昆明作为中国著名的历史文化名城和风景旅游城市，正在由单核心蔓延外溢式发展的城市空间形态，向"一湖四环、一城六片"多轴、多核、多层的组团跨越式发展的新格局转变，依托环滇池高速公路及环湖铁路，形成"组团发展、生态穿插、有机联系、整体推进"的"玉带串珠"昆明大都市区。外部区域交通格局的转变和内部城市空间结构的调整，导致区域交通运输活动加强、出行方式结构变化、新旧城区连接需求日益显现的新形势，要求对昆明市的综合交通体系进行规划研究，以科学指导城市交通系统的建设和运行，全面促进城市交通可持续发展。

规划目标与编制重点

规划目标：立足于城市特色和交通特点，落实城市总体规划对交通系统的要求，对城市交通进行全面、综合、系统的研究与规划，构建符合社会经济发展需要和符合环境资源可持续发展目标的综合交通系统，提高城市的整体质量和活力，反映和发扬城市特色和风貌，为城市交通发展建设，城市总体规划、分区规划、专项规划的制订提供科学依据。

规划编制重点：

1. 进行系统的交通调查，为交通规划提供数据基础；
2. 建立系统的交通分析模型，为交通专项研究提供研究工具和基础；
3. 选择合理的交通发展战略，确定适宜城市发展的交通发展目标和策略；
4. 构建综合的交通规划体系，奠定城市各种交通系统建设的框架，主要包括对外交通规划、道路系统规划、公共交通规划、静态交通规划、客运枢纽整合规划、物流交通规划、交通管理规划和近期规划。

交通发展战略

1. 战略目标

建成功能完备、公平高效、安全经济、环境友善的多模式一体化客货运交通体系，适应城市社会经济发展需要，满足不断增长变化的交通需求，支撑和引导城市可持续发展，强化昆明作为联系国内与东南亚、南亚地区的交通枢纽城市地位。

2. 实施指标

快捷：打造三大快速交通圈，即以主城二环路为起点，15分钟主城快速交通圈，45分钟都市区快速交通圈，60分钟城乡一体化快速交通圈。

高效：35%以上公交分担率，即到2020年中心城区公交出行比例达到35%以上。

安全：交通安全水平逐步提高，达到国内先进水平。

环保：严格控制交通污染，汽车尾气排放达到"欧Ⅲ标准"。

规划方案

1. 对外交通系统

建设航空、铁路、公路互为补充，内外交通衔接合理，并有足够容量和服务水平的对外交通系统，形成面向国内及东南亚、南亚的交通枢纽，提升昆明市的城市功能和竞争力。

航空枢纽：建设"面向东南亚、南亚，连接欧亚的国家门户枢纽机场"。2020年形成3800万人次的旅客吞吐能力，远景达到6000万人次。围绕航空客货运输，形成航空、铁路、公路客货运及城市交通多方式联运的大型综合交通枢纽。

铁路枢纽：建设由"一环、七射"构成的昆明铁路枢纽线网，由"一个编组站、两个客运站、若干货运站"构成的昆明铁路枢纽场站。将昆明铁路枢纽建设成为全国区域性铁路枢纽，全国铁路网区域性客运中心之一，全国铁路网18个集装箱中心站之一。

公路枢纽：构建"两环、八出口"高速过境及出入口系统；建设"九大客运站"，优化公路客运枢纽布局，并与城市交通良好衔接。

2. 城市路网系统

城市道路系统是保证出行者畅达和安全的重要载体，未来城市道路发展要兼顾空间容量的拓展与功能结构的优化，注重构建覆盖全市、辐射区域的开放式的高等级路网系统，形成"两环、两廊、八射"的快速路系统，"三横、四纵、一环、三走廊、九通道"的城市主干路网。加强各组团间干支路网的衔接，实现与周边区域的迅速融合，形成有机联系的整体网络，提高道路交通的可达性和便利性；主城区路网密度达6.1公里/平方公里，呈贡新区路网密度达6.3公里/平方公里（图1）。

图1　干道路网规划图

图2　都市区轨道交通系统规划图

道路红线规划宽度(含新建和改造)：快速路40～70米，主干道40～60米，次干路25～40米，支路15～30米。道路横断面的布置，要为合理组织行人交通、公共交通、机动车与非机动车交通以及公交乘降等创造条件；要为轨道交通、过街设施等预留合适的空间；应尽量保留道路中间及两旁树木，改善城市景观。

3. 公共交通系统

逐步建立起以轨道交通和BRT为骨干、常规公共汽车为主体、出租车及其他公交方式为补充的多元化协调发展的公交系统，并具有多平面、多方式间良好的换乘系统；形成"一个体系、三个层次、四套系统、分级衔接"的规划结构。

规划服务环滇"一城六片"新昆明都市区，提供机场轨道交通服务，服务延伸到市域其他重要城镇和景区的环湖都市区轨道系统和以中心城"双城双核，一大一小，分工合理，规模匹配"的空间格局为基础，形成三主两辅五条线、双模式的放射状网络形态的城市快速轨道交通系统（图2）。

发展中运量优质公交，立足于服务昆明市主要客运走廊、充分发挥现有公交专用道已有优势的基础上，兼顾大运量与快速性两大特征为出发点，建成总长为170公里的公交专用道网络。

构建发达的常规公交网络，形成高覆盖率的城市公交线网，在骨干公交线网基础上，建设由骨干辅助线、区域客流收集支线组成的主城区常规公交线网；公交线网密度达3~4公里/平方公里，中心区300米半径公交服务覆盖率达93%；提供高品质的城市旅游公共客运服务，改善城市旅游交通环境。

4. 停车系统

通过分类供应，实施分区停车配建指标管理；通过区域差别供应，对居住地、工作地和公共停车采取不同的供应政策，划分三个停车战略控制区。

通过"停车+换乘"，实现公共交通与个体交通的有效转换，在城市中心区以外轨道交通车站、公共交通首末站以及高速公路旁设置9个主要的停车换乘中心，引导乘客换乘公共交通进入城市中心区（图3）。

5. 客运系统整合

构建一个以枢纽为核心的交通衔接系统，结合城市主要对外客运交通港站、城市轨道交通和BRT站点，形成三级客运枢纽，即3个核心级枢纽、8个综合级枢纽和若干个功能级枢纽；通过交通枢纽系统将各种交通方式内部、各种交通方式之间、私人交通与公共交通、市内交通与对外交通有效衔接，发挥交通体系的整体效益，实现交通区域一体化。

6. 物流交通系统

发展多式联运，提高货物运输效能，形成"三园区、五中心、服务于各功能区的配送中心"的多层次货物运输体系。

鼓励高性能、大运量、专业化、环保型车辆，调整不同类型货车的行驶区域与时段，设置三个货运车辆控制区域，规范货车对道路的使用，减少道路交通压力，实现客货运交通的协调发展。

7. 交通管理与保障系统

从行政管理和技术管理的角度着手，系统管理与需求管理相结合，实施公交优先的管理策略，促进客运交通结构的调整和优化；实施交通设施管理措施，提高城市路网的通行能力；加强道路交通需求管理，促进交通需求的时空均衡分布；实施静态交通管理，促进静态交通和动态交通的协调发展；利用交通科技发展成果，逐步完善智能交通系统；实施环境容量和交通容量的双边控制方案，发展可持续交通；实施交通安全管理，降低交通事故。

图3　停车换乘设施规划图

杭州市域综合交通协调发展研究

委托单位：杭州市建设委员会
编制单位：中国城市规划设计研究院
　　　　　杭州市综合交通研究中心
完成时间：2007年
获奖等级：2007年度全国优秀城乡规划设计
　　　　　三等奖

项目背景

杭州市域城市空间结构和城市职能分布的巨大变化，使杭州市发展面临新的机遇和挑战。虽然各区县、各部门均编制了相关规划，但由于受行政区划和行业条块管理的限制，导致规划的交通设施在空间布局、功能定位、规模测算、建设时序等方面存在矛盾和冲突。在市域网络化大都市建设的背景下和关键时期，急需整合和协调既有规划，把市域交通设施在规划、建设和管理上纳入统一体系，实现综合交通的协调发展。

规划思路

规划抓住长三角区域、杭州市域交通系统快速发展和城镇空间不断扩张和改变的机遇，把区域融合、引导市域空间和职能发展，以及交通系统一体化作为核心，以城市和区域职能为中心，打破行业和行政界限，按照交通特征规划和整合不同部门、不同方式的交通系统，实现各种交通方式相协调发展、市域交通与城镇交通良好衔接，引导市域城镇合理空间布局与城镇体系的形成，利用交通促进杭州市域城乡统筹，促进集约化发展的节约型城镇群建设，促进枢纽型大型区域设施共享。

重大发展策略

1. 区域融合策略

交通网络规划、交通政策制定、交通系统组织和运营必须从区域的角度去分析和建设，保证交通与空间、交通与城市职能、交通与经济社会等的协调，使杭州成为真正的区域中心城市。

2. 西部次中心提升策略

杭州的城市性质决定了旅游对杭州西部地区的重要性，西部的发展要围绕着旅游产业来发展，要更加重视环境和生态保护，西部交通系统的建设也要以促进旅游发展为目标。杭州西部的发展是未来市域发展的重头戏，能否通过西部提升实现全境共同发展，将决定着杭州能否实现"一城七中心"的发展目标。

3. 分区发展策略

中部的主城区和萧山城区需要营造高品质的交通服务，与上海紧密对接，与其他区域副中心、大杭州都市区内各副中心、组团、中心镇联系便捷；内部构建现代化的城市交通体系，构造以公共交通为主体的交通系统。

东北部是对接上海、与江苏联系的主要交通走廊所在地，适宜发展现代物流业和加工业。在注重快速对外联系的同时，尽量减少交通对城市用地的分割，适应城市扩大的要求。

东南部义蓬、瓜沥，交通便捷，工业基础雄厚，是未来杭州工业发展的中心，其交通发展要适应工业发展的要求，构建便捷的陆路交通和水上交通。

中部外围的余杭、富阳、临安，要通过交通系统的融合加快"融入大都市，做强新城区"，要尽快完成交通结构的转变，跨越式发展公共交通，尽快实现城市交通的一体化发展。

西部的建德、淳安、桐庐、临安西部，山清水秀，旅游资源丰富，应重点发展旅游产业和环境友好的产业。要通过客运交通的快速化拉近西部与城市核心职能的距离，以引导高端产业落户。水运以旅游客运为主。货运向铁路转移。建立西部直接与上海、长三角其他中心城市、旅游中心、交通枢纽的快速联系通道。

4. 交通引导策略

将城市公交向全市域延伸，建立高密度土地开发与公共交通协调发展的TOD开发模式，推进以公共交通站点和走廊为核心的土地开发，并利用公共交通枢纽、站点布局引导组团布局的实现。通过改善客运交通系统，东部引导主城区扩展，西部引导产业升级，促进旅游产业快速发展。中心城区通过跨江交通设施建设、轨道交通建设、南部综合交通枢纽建设实现江南城与杭州主城区一体化发展。利用城乡交通一体化，推动有杭州特点的社会主义新农村的建设。

5. 交通设施协调发展策略

利用综合交通枢纽作为交通设施协调的基础和依托，促进各部门、行业交通设施衔接和转换，形成一体化的交通系统，实现综合交通与城市空间、土地利用的协调发展。在运行机制上，加强交通枢纽规划、建设、运行的协调作用，适应杭州城区扩大的交通改造与城市交通服务延伸。

主要规划内容

1. 市域整体交通组织模式和网络框架

市域整体交通按照"都市扩张——交通延伸、优化结构、公交优先；分区组织——提升东西、做强中心、全面对接；强化枢纽——综合协调、优化组织、一体发展"的模式进行组织，规划形成"双环、三区、多放射"的市域综合交通网络框架（图1）。

2. 客运交通枢纽布局

统一布局市域铁路、航空、长途客运、公共交通、旅游交通枢纽，形成独立于部门、行业的综合交通客运枢纽体系，整合与协调各种交通方式。

根据城市空间和主要公共交通走廊布局，规划形成老城中心、钱江新城、钱江世纪城、萧山中心、下沙中心、临平中心、杭州东站、杭州城站、萧山站、机场、临安、建德12处I类客运枢纽，以及九堡（客运中心）、铁路北站、客运南站、客运东站、客运西站、客运北站、黄龙集散中心、桐庐、富阳、千岛湖、分水、淤潜、义蓬、临浦、良渚、老余杭、转塘、三墩、康桥等II类客运枢纽。其中，建德作为西部最重要的交通枢纽和旅游服务中心；临安作为中心城区交通网络与西部交通网络衔接的重要交通枢纽，也是中西部重要的旅游服务中心。

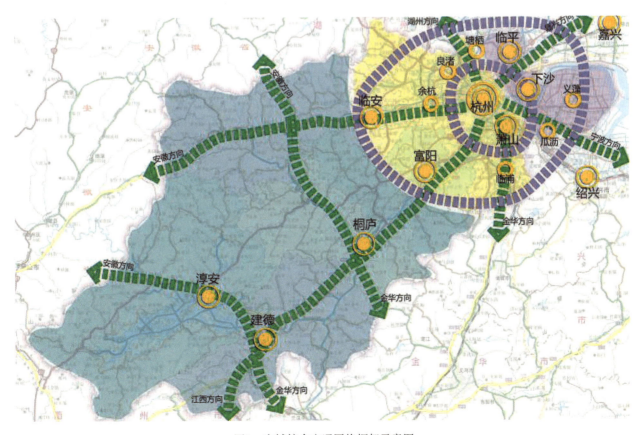

图1 市域综合交通网络框架示意图

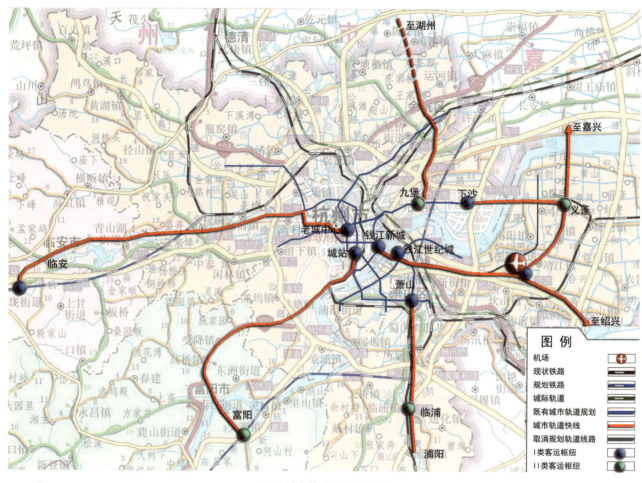

图2 城市轨道延伸示意图

3. 都市区客运轨道交通系统

轨道交通网络覆盖城市的主要客运走廊，形成由中心城区放射的轨道交通网络，并预留向大杭州都市区延伸的条件。

根据需求特征划分都市区快线和普通轨道线两级轨道交通系统。快线系统主要解决都市区主要发展组团与中心区之间快速交通联系需求。普线系统主要解决中心城区内部交通联系需求，扩大轨道交通服务范围和密度。快线运营速度要求达到60～80公里/小时（图2）。

4. 道路网络调整

市域道路规划以大杭州都市区为背景，与绍兴、嘉兴、湖州对接，与长三角主要港口联系，并通过建设区域性的机场通道实现机场的区域共享。

东部为满足工业区发展需要，规划沿杭州江东大桥（钱江九桥）向东经过江东工业园、临江工业园一直到绍兴开发区的城市快速路。中部根据城市发展重新规划城市快速路网络，协调城市快速路与萧山、余杭、富阳、临安的城市发展。西部规划建设千黄高速公路、临金高速公路，以加强西部地区与南京、黄山、金华方向间的联系；改造千岛湖与江西方向的道路网，提升为二级公路；提升文昌镇至昌化、昌化全临安界公路为一级公路，建立千岛湖与天目山两大旅游区之间的快速联系。

构建联系都市区主要发展地区以及西部地区与长三角东部地区联系的大外环，作为围绕东、中部连绵发展的城市地区的绕城道路，有利于大都市区核心的形成。同时，大外环的不同部分还具有不同的交通组织功能，并可以由不同技术等级的路段组成。

5. 铁路网络与枢纽衔接

大力发展铁路运输，把铁路作为调整运输结构和支持城市空间的重点。建设提升西部地区和江南地区铁路客运站,形成城站、东站、萧山站、九堡站、建德站五个客运主站的杭州铁路枢纽。加快建设杭建衢快速铁路、杭黄城际铁路,以及建德至黄山铁路,并改造升级建德至金华铁路,完善杭州市域铁路网络。同时,加快建设沪杭、杭宁和杭甬城际轨道交通。在东部工业区增建专线铁路,满足东部地区工业发展需要。

6. 航运与港口

根据各分区产业和运输特征,规划西部地区重点发展客运,航道和港口发展以旅游为主导。东部地区加快航运网络建设,成为长三角货运门户的组成部分。建设运河二通道,缓解水运和城市发展的矛盾。

7. 物流与货运枢纽布局

根据用地布局和交通设施,将市域划分为9个重点物流区域,按照分区进行物流组织,港口、铁路、公路建设与物流分区衔接。

8. 旅游交通组织

以长三角旅游服务一体化为基础,建立杭州西部与上海、黄山、南京、宁波等区域级旅游服务中心的直接联系,强化杭州的区域旅游服务功能,提升西部的区域旅游地位。西湖风景区交通组织重点是分离旅游交通与城市交通,实施公交优先,并通过需求管理限制穿越风景区的交通(图3)。

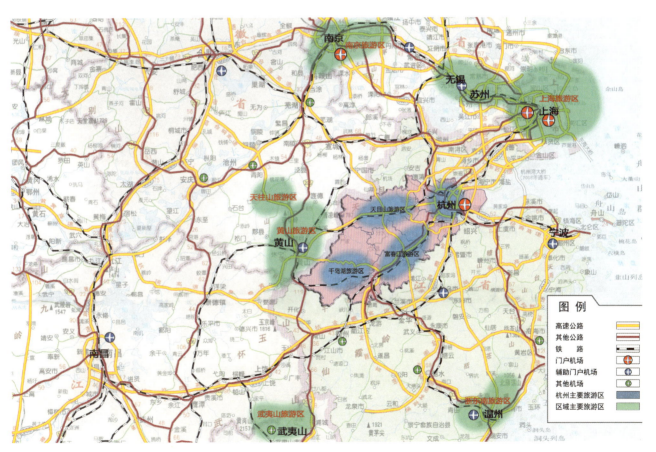

图3 市域旅游交通组织图

温州市城市综合交通规划

委托单位：温州市规划局
编制单位：中国城市规划设计研究院
　　　　　温州市城市规划设计研究院
完成时间：2006年
获奖等级：2007年度全国优秀规划设计三等奖

规划背景

在"温州模式"内涵提升与转型的关键时期，交通系统的"瓶颈"愈发凸显，在区域交通设施发展方面"举棋不定"，重要交通政策失去引导效果，如何破解"个性"交通矛盾和应对发展需求是对本次综合交通规划编制的挑战。

规划目标与技术路线

规划编制着重从三个目标层次展开：

1. 增强区域综合交通枢纽功能，促进温州经济快速、平稳转型。
2. 合理构建温州都市区整体交通发展框架，促进城市总体规划目标实现。
3. 有效发挥交通引导作用，实现交通与用地布局有序、协调发展。

规划编制遵循如下技术框架：交通调查及现状分析→区域及都市区层面综合交通发展战略→中心城市综合交通系统规划→交通发展实施规划。定性与定量分析相结合，强调规划的系统性、前瞻性和操控性。

主要规划内容

1. 综合交通发展战略

温州现代化综合交通体系，将集中塑造五大基本特征：强辐射综合枢纽、高畅达系统网络、集约化优质运输、一体化方式协调、信息化需求调控（图1）。

构建优质、高效、整合的客运服务系统，支撑和引导都市区一体化发展。确立公共交通的主体地位，实现多方式组合协调发展。规划期末都市区城市人口公交出行比例达到35%以上，中心城市达38%左右。

塑造区域差别化的交通发展模式，突出旧城区为交通保护区，主城中心区为交通控制区，龙湾中心区为公交导向区。

构筑开放、高效、区域对接的交通体系，实现"12349"的时空通达目标：10分钟，从都市区主要节点可驶入快速路系统；20分钟，驶入高速公路系统；30分钟，对接主城区和各功能中心；40分钟，主城区通达南部城镇群；90分钟，形成温台丽都市群商务出行圈。

2. 综合交通系统规划

（1）区域及对外交通系统发展规划

规划期内充分发挥现有机场的运输潜力，建设航空口岸，增强面向温台丽宁区域的集疏运能力。

构筑新温站国家干线铁路枢纽，培育温州站区域客运枢纽功能，发展温州都市区至台州都市区、南部城镇群的市际、市域铁路运输服务。

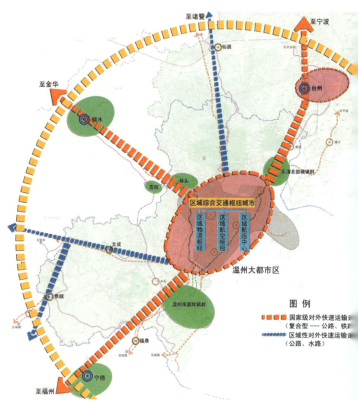

图1　区域及对外交通体系发展框架

图2 都市区交通系统与市域交通系统一体化

跳出瓯江口，重点发展状元岙、乐清湾、大小门岛三个核心枢纽港区。完善集疏运系统，拓展港口功能，形成与临港工业、物流协同发展的模式。

强调以都市区为整体的对外公路交通组织，强化高速公路为都市区的服务功能，合理增设高速出入口（图2）。

(2) 道路系统规划

规划温州都市区形成"射线+环线+通道"的快速路系统布局。"高快"搭配与衔接，实现高速公路与快速路功能层次有机分离、协调运作。

将总体规划中定位的民航路跨江通道快速路功能调整为主干路，保障主城中心区功能组织的连续性。提升机场大道为快速路，增强主城中心区与永强副城区间的交通供给能力。面向都市区一体化发展框架，增添七都岛跨江快速通道。着眼瓯江两岸城市中心间公交运输组织，规划环城东路跨江主干路通道（图3）。

（3）公交系统发展规划

远景轨道线网由四条快轨线路和一条利用龙湾支线的市郊铁路组成。

规划期，轨道交通在中心城市初步形成规模效应，组织骨干走廊型运输。快速公交BRT系统构筑主要片区间客运联系的主体，在中心城市建立与轨道系统的有机换乘衔接，实现一体化运营组织。

全面实施公交优先，建立层次分明、服务高效的普通公交线网。优化轮渡布局，发挥跨瓯江联系的补充作用。

（4）交通枢纽发展规划

在新温站、永强机场、温州站构建三大复合型对外客运枢纽。布局都市区级公交枢纽6个、片区级公交枢纽8个，与对外客运枢纽相衔接，构筑高效率的多式联运客运系统。

图3　道路系统规划

依托区域综合交通枢纽优势,布局综合性物流基地4个,地区性物流中心5个及2个产业物流园,引导现代物流业集约化、规模化发展。

3.综合交通发展实施规划

结合城市发展进程,分阶段、有重点、循序推进交通系统形成和完善。在城市扩展初期,优先建设扩张性道路通道,实施客流主走廊上公交优先系统,全面升级改造对外交通系统(图4)。城市发展中期,支撑都市区空间对接,系统建设都市区快速路系统,相应建设主城区主要放射通道上的快速公交系统。城市规划末期,支撑都市区整体布局框架形成,中心城市轨道系统率先建设,都市区优质公交系统完善。规划期后,面向都市区充分一体化,轨道交通进入持续发展阶段。

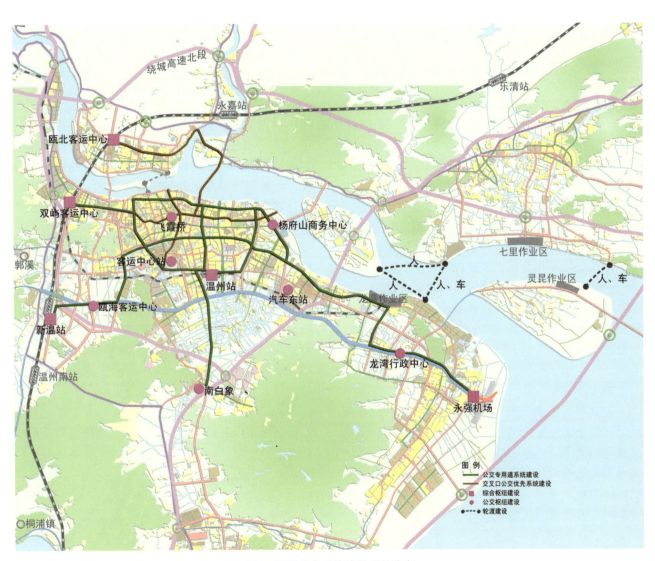

图4 近期公交系统建设项目分布

石家庄市城市综合交通规划

委托单位：石家庄市规划局
编制单位：中国城市规划设计研究院
　　　　　石家庄市规划设计研究院
完成时间：2001年
获奖等级：2003年度全国优秀规划设计三等奖

项目概况

综合交通规划编制年限为2010年，规划重点范围为石家庄主城区，与城市总体规划年限和范围保持一致。至2010年石家庄主城区人口195万人，用地142平方公里，主城区为集中式布局，功能结构为"一轴、一核及三环"的格局。

指导思想

体现交通的可持续发展，保证交通供需之间的平衡；保持总体规划确定的城市道路网规划原则和方格网式道路骨架系统；交通战略制定充分体现以人为本的思想，根据各种运输方式的运输效率优先分配道路的使用空间，重视行人交通、自行车交通、公共交通的发展；协调城市的规划、建设、管理，通过城市交通的发展合理引导城市土地的开发与利用，以高质量、高效率的交通运输体系满足城市发展的需要。

规划目标

建立与石家庄城市发展相适应、高效率、可持续发展的交通运输体系；完善道路交通设施，调整交通结构的不合理性，优先发展公共交通，形成与城市布局结构和城市土地利用相协调的交通运输模式，保障城市可持续发展；支持城市总体规划确定的多中心分散组团式用地布局。

规划内容

1. 公共交通

实施公交优先系统，远期建设轨道交通。优化城市交通运输模式，以优先发展公共交通为主导，逐步建立以公共交通为主体、融个体交通为一体的、多元化协调发展的综合客运体系，使城市交通出行结构得到明显改善。2020年交通出行比例中步行为26%、自行车为47%、公交车为14%以上。

（1）近、中期，大力发展常规公共交通，落实公交优先的政策、策略和措施，实施中山路、中华大街、裕华路、平安大街的公交专用道系统；

（2）在规划期末和远期，规划和建设城市快速轨道客运系统，缓解主要客运走廊的客流压力。

2. 城市道路系统

主城区逐步形成由环形快速路加井字形机动车主通道网络及东西、南向主干道路构成的道路主骨架。规划期末道路网密度应达到5.3~7公里/平方公里，需新增各类道路320公里，其中支路增加至少240公里。道路建设中突出次干路及支路网络的完善，形成城市道路之间等级搭配合理、功能明确、通行能力相互匹配的系统网络，以达到道路系统运输的最佳状态（图1）。

（1）规划建设由二环路、和平路、仓安路—槐南路、维明街、体育大街构成的环形加井字形机动车骨干道路网络系统；

（2）增加城市东西、南北向通道。新建市庄路、新华路、新石中路的京广铁路通道；调整仓丰路、新石中路、柏林庄路、广安街—富强大街、胜利大街为城市主干路。

3. 对外交通组织与衔接

充分发挥各种对外交通方式的运输优势，形成石家庄市公路、铁路、航空三种方式功能互补、协

图1　石家庄市骨干道路系统规划

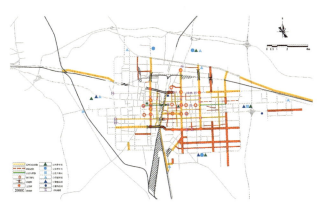

图2 石家庄市道路交通近期建设规划

调运行的综合对外交通系统。

（1）公路——以提高现有干线公路等级，加强县乡联系公路建设为重点，同时加快高速公路建设，形成等级协调搭配、路网完善、运输合理的公路网系统；

（2）铁路——合理布局高速铁路客站，优化现有铁路站场功能，提高铁路客货运中转能力和集散能力；

（3）航空——通过对机场跑道和配套设施的建设，提高等级和航空运输在对外交通中的地位。

4. 停车设施

调整不同性质、不同规模建设项目的停车配建指标；结合城市用地情况，规划建设城市公共停车场，尤其是城市中心区的停车设施；制定完善的停车政策、法规、标准与准则，推行停车设施民营化、产业化，严格执行拥车者自备车位，鼓励配建公共化，对城市中心地区实施停车需求管理。

5. 分期建设规划

分期规划主要目标确定如下：

（1）科学、合理地制定近期城市道路基础设施建设项目和建设时序；

（2）中心区内初步形成主骨架道路的分流系统；

（3）二环内建成完善的主骨架系统；

（4）建成对外联系方便、快捷的运输系统（图2）。

6. 近期中心区交通改善

交通改善范围确定为东至建设大街、南至裕华路、西至中华大街、北至和平路所围合的区域，总面积为6.5平方公里，占现状城市建成区的6%左右（图3）。近期改善的主要内容为：

（1）提出中心区交通改善的原则和关键策略；

（2）进行道路系统调整和交通流组织；

（3）提出道路、交叉口和局部地区的交通改善的实施措施；

（4）制定针对中心区交通特点的需求管理对策。

图3 石家庄市中心区近期交通改善计划

重庆市合川区城乡综合交通规划

委托单位：重庆市合川区规划局
编制单位：重庆市城市交通规划研究所
完成时间：2008年
获奖等级：2008年度重庆市优秀城乡规划设计二等奖

项目背景

合川区作为重庆城乡统筹发展的重要区域面临着全新的发展机遇，全面整合城市交通发展战略、对外交通系统、公共交通系统、道路骨架系统、交通衔接系统、交通管理等规划建设，为城市建设发展提供快捷、完善、高效、稳定的综合交通支持，尽快将合川区建成重庆北部地区综合交通枢纽，是合川区经济社会发展的迫切需求。

规划原则和目标

1. 规划目标

建设一个符合合川区城乡特色以及社会经济发展要求的协调、可持续、人性化、高效、一体化、现代化城乡综合交通体系。

2. 规划原则

促进城乡统筹、增加外部通道、打造交通枢纽、分流过境交通、加强内外衔接、构建内部骨架、实现客货分离、完善路网布局、改造重要节点、优化特色交通。

主要规划内容

1. 构建对外战略通道规划

对外交通规划的重点是增加合川与周边地区的对外联系通道，促进合川区经济社会可持续发展。

2. 区域交通体系布局规划（图1）

第一，城市外环线规划

对主城区范围内的高速公路功能进行相应的调整，通过在合川主城区外围构筑一条高速公路环线解决过境交通问题，并从用地控制、协调交通与土地利用关系的角度出发，对合川外环线上的重要节点作好规划预留。

第二，区域路网骨架规划

依托规划确定的城市外环线和对外战略通道，辅助以多条联络线，完善合川区区域的骨架路网，加强乡镇与合川城区的交通联系，促进合川区周边乡镇的发展，支撑城乡统筹战略的实施。

第三，区域交通与城市交通的衔接规划

主要以主城区的城市外环线为骨架，以外环线上的重要节点为纽带，衔接区域骨架路网，避免对外公路交通与城市内部交通的直接对接，减小对外交通对城市内部交通的干扰。

第四，农村公路网规划

重点是加密和提升等级。依托区域骨架路网，加强主要行政村与区域骨架道路之间的联络线，提高农村居民的出行质量。

3. 主城区的道路网规划

第一，形成快速交通走廊

依托原有过境公路在主城区形成三条快速交通走廊，增加部分立交节点，使城市中心区与其他组团之间联系更加快捷。为了加强主城区东西向之间

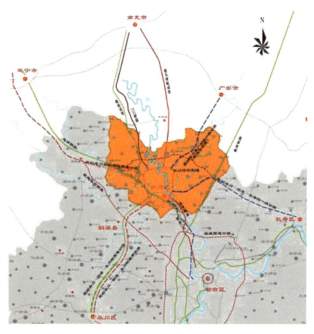

图1 区域交通体系布局

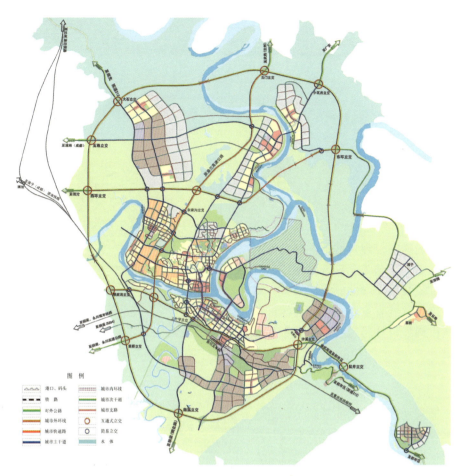

图2 交通节点规划图

的交通联系，构建两条东西向的交通干道。最终形成"一纵、两横"的快速路网布局。

第二，重要立交节点控制性规划

结合交通需求预测，对主城区范围内的立交节点进行控制预留，对立交的规模等级、布局形式提出初步建议（图2）。

第三，构建城市框架性主干道

以快速路网和主干道为依托，形成合川区城市CBD环线，对中心区交通量进行"截流"。

第四，控制预留主要的跨江桥位

结合骨架道路网的布局和走向，对主城区范围内的主要过江桥位进行规划控制预留。

第五，确定主城区范围内主要的货运通道

结合火车站、港口码头等重要交通基础设施的布局，明确合川主城区范围内主要的货运交通走廊。

第六，火车站周边地区路网调整规划

规划便捷的集疏运交通系统，对周边路网系统进行调整和优化；明确火车站的用地控制范围和各种交通设施的功能布局，满足未来发展需求。

第七，自行车交通系统的发展规划

结合道路网络布局和道路断面形式，规划提出不同等级的自行车交通网络，包括硬质隔离的自行车专用道、划线式自行车专用道、机非混行三种模式，对自行车的停车设施进行了系统的布局规划。

4. 公交走廊及站场布局规划

在规划期限内发展BRT+区间干线+区内干线，规划期末考虑发展轻轨交通。通过公交TOD模式引导和带动城市新区的拓展。

确定主城区范围内的公交线路走廊。规划一定规模的公交站场（包括保养场+公交停车场+大型公交首末站）以及换乘枢纽等站场设施。远景在公交走廊上适度发展快速公交和轨道交通。

5. 合阳老城区控规路网规划

对合阳老城区进行控规道路网规划设计，规划范围约2.2平方公里，规划包括道路网布局、公交停车港布局、城市社会停车场布局、公交场站、道路横断面、自行车交通系统等内容，作为该区域控规编制的基本依据和重要的组成部分。

株洲市综合交通改善规划

委托单位：株洲市城市规划局
编制单位：中国城市规划设计研究院
完成时间：2001年
获奖等级：2001年度建设部优秀城市规划设计三等奖

项目概况

株洲市社会经济的高速发展对城市交通设施建设的需求产生了很大影响，编制既符合城市交通总体发展原则、又具有较强可操作性的实施方案，对株洲市未来城市可持续发展有重要意义。受株洲市政府委托，中国城市规划设计研究院于2000年初开展了本项目的编制。

技术路线

在延续传统交通规划理论方法的基础上，进一步发展了专业技术领域，从规划观念到方案设计均与城市的近、远期目标相结合，并且始终坚持以人为本、可持续发展的原则，不仅只注重交通状况的治理，而是以社会、经济、环境的综合改善为最终目标。

图2　城市干道网络规划调整方案

远期以城市经济发展目标和城市总体规划为前提，进行城市交通的供需分析，对规划主干路网系统进行综合评价和分析，提出必要的调整意见。

近期对城市重大交通基础设施建设计划进行分析论证，针对城市交通的特点，分析诊断城市交通问题的症结，提出可行的近期城市交通系统组织计划和建设实施步骤，指导城市交通建设、管理工作的实施。

对中心区进行重点研究，提出近期交通改善方案与实施计划，并结合"畅通工程"的要求，对现状株洲中心区的交通组织提出可实施的改善方案。

项目特色和创新

1. 远期规划——宏观控制的把握

远期以城市经济发展目标和城市总体规划为前提，进行城市交通的供需分析，对交通发展战略、机动化水平、规划主干路网容量等问题进行综合评价和分析，提出切合实际的调整意见。

制订了大力发展公共交通的战略，加强公交的投入，加快公交专用道系统的建设，提出了多方案的发展模式预测，并提出公交车辆和客运量的技术

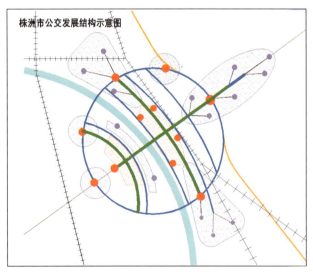

图1　株洲市公交发展结构示意图

指标（图1）。

合理引导城市机动化水平的发展，在公交优先的指导下，引导城市机动化水平的发展，到2010年全市机动化水平按100辆每千人控制，其中摩托车控制在8万辆以内。

提高道路网的供给能力，道路网容量由现状2000年20万车公里，提高到2010年的70万车公里；干道密度由2000年的1.42公里/平方公里提高到了2010年的2.72公里/平方公里（图2）。

2. 近期规划——可实施性的具体体现

在远期总体道路网系统的指导下，结合近期项目的特点，注重项目的实施与城市规划确定的城市主要发展方向相适应，与城市土地开发、城市大型基础设施建设相结合，并起到引导近期用地开发的作用，促进交通与土地利用协调发展和城市各功能分区充分发挥其功能作用。

合理利用已有的道路交通设施，提高客流运输效率，保持客流快速畅通，逐步完善城市的道路网系统，提高道路网设施综合供给能力，增加跨江、跨铁路交通通道，同时加强现有大型跨江桥梁、跨铁路通道的使用效率，加强组团内部和各组团间的交通联系。

疏解中心区交通压力，提高中心区交通可达性水平，创造良好的交通环境，新建、扩建道路设施均衡区内交通流、合理分流过境交通，改善过境交通联系必经中心区的不合理现状。

运用适当的交通调控手段，采取综合交通管理措施，对机动车交通需求进行时间和空间上的调控，引导交通结构向优化方向发展。

3. 中心区综合交通改善——多角度解决方案

对中心区进行重点研究，提出近期交通改善方案与实施计划，并结合"畅通工程"的要求，对现状株洲中心区的交通组织提出可实施的改善方案和动态仿真验证。

合理组织交通，疏通交通"瓶颈"点，提高道路网综合供给水平，分流中心区的过境交通，降低中心区交通压力，对中心区的道路进行综合整治，改善道路交通环境，适当加密中心区的道路网络密度（图3、图4）。

项目评价与实施效果

规划成果在株洲市实施"畅通工程"和城市改造中已经逐步得到实施，并取得了较好的效果。

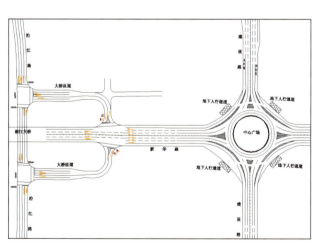

图3 中心环岛近期改善方案

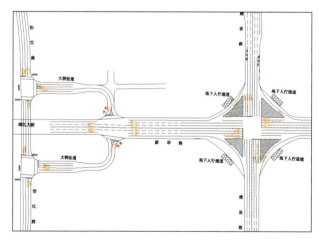

图4 中心环岛远期规划方案

唐山市中心区域交通改善规划

委托单位：沈阳市城乡建设委员会
编制单位：沈阳市规划设计研究院
完成时间：2005年
获奖等级：2003-2004年度辽宁省优秀勘察
　　　　　设计一等奖
　　　　　2005年度辽宁省优秀城市规划设计
　　　　　一等奖

规划背景

唐山市是河北省第二大城市，是京津唐经济区的重要组成部分，素有"京东宝地"之称。中心城区现形成反"L"形用地布局，道路网布局为方格网式。随着经济的发展，机动车数量快速增长，市区内交通堵塞现象日趋严重。

现状问题分析

现状存在的交通问题主要有以下几点：机动车交通增长较快，中心区交通压力加大；路网结构欠缺层次，道路功能划分不明确；路权资源分配不合理；大量过境交通穿越中心区；交叉口与路段的通行能力不匹配；交通信号控制不完善；公交资源分布不合理；违章占路现象严重。

图2　禁左交叉口规划图

总体思路

在对现状存在交通问题深入分析的基础上，制定了以充分利用现状资源为前提、体现公平、节约、效率为目标，通过合理的交通组织和交通设计，改善规划区域交通环境的总体思路。

规划内容

针对分析结果，结合唐山市的实际情况，从道路网、交通管理、停车设施、公共交通、行人交通、道路改造及交通需求管理等几个方面制定操作性较强的改造方案。

1. 道路网

道路网改善从以下三个层次进行考虑：主路系统，重新梳理道路网结构，增加南北向主干路密度；次干路系统，打通局部断头路，充分发挥次干路对主干路的分流作用。支路系统，打通内部微循环，提高路网的整体连通性（图1）。

2. 交通管理

交通管理方面，主要应用了绿波控制和部分交叉口禁止左转两项措施。规划在北新道、新华

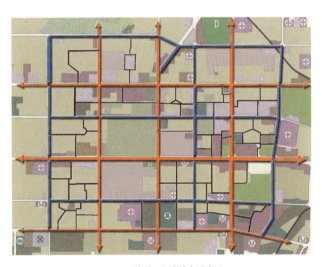

图1　道路网系统规划图

道和建设路设置绿波控制；在北新道—学院路、北新道—华岩路、北新道—建设路、新华道—学院路、新华道—华岩路、新华道—建设路等六个交叉口施行左转限制。并对左转车流设计了分流措施（图2）。

3. 停车设施

规划从问题入手，建议在办公区改造低矮棚户区、餐饮服务区利用闲置院落以及南新道南侧利用塌陷区设置三处公共停车场，缓解中心区域现状停车泊位不足问题。同时，在停车需求大的路段规划路边停车，并设计了路边停车的设置形式（图3）。

4. 公共交通

公共交通方面，建议结合道路设施改造，在建设路和新华道设置公交专用车道，形成"十"字形公交优先系统。同时，在改造后有条件的交叉口进口道结合渠化展宽设置公交专用车道。并建议将长途公交站点迁至南湖地区，结合公交首末站形成一个城区边缘的换乘枢纽。

5. 行人交通

规划在行人交通的设施建设、引导设施以及管

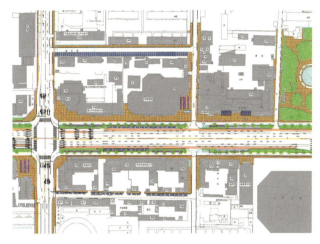

图4　节点交通设计图

理措施等多方面进行了阐述。针对唐山市行人交通的现状以及对未来发展的合理预测，规划在河北理工大学、华联商厦、八方购物中心建设三座过街地道。建议改造华北煤炭医学院门前现状过街地道。

6. 交通设计

依据实际需求，对规划区域内所有道路均制定了切实可行的横断面改造方案，对北新道、新华道等主要道路制定了比选方案，在综合比较分析的基础上提出推荐方案。并对主要节点进行了交通设计，为以后施工设计提供有利基础和指导（图4）。

项目总结

坚持务实的精神，将城市发展的实际情况与科学的设计理念有机结合；以识别现状交通问题作为切入点，将宏观交通规划与微观交通设计有机结合；规划过程中，始终重视实证分析的思想，类比分析和经验总结相结合、定量分析与定性分析相结合，保证了规划成果可靠的实施性，体现了交通政策公平性原则和发展公交、建设节约社会的设计思想；充分考虑行人交通的安全性和舒适性，体现了"以人为本"的原则。

图3　公共停车场布局规划图

南京市中心区（新街口地区）道路交通系统改善对策研究

委托单位：南京市城市交通规划研究所
编制单位：中国城市规划设计研究院
完成时间：1998年
获奖等级：1999年度建设部科技进步三等奖

项目背景

本研究项目是南京市城市交通规划的重要子课题，同时也是南京市道路交通综合整治工作的重要内容之一。

研究范围：以新街口为核心，北至广州路、珠江路，南至建邺路、白下路，西至莫愁路、上海路，东至太平南路、太平北路，用地面积约3.73平方公里。

研究年限：近期2001年。

工作目标

通过对交通系统的合理组织，充分挖掘现有道路交通设施的潜力，运用交通需求调控手段，在降低交通拥挤、交通污染和能源消耗条件下，提高中心区交通系统的客流运输效率，谋求中心区交通供需的基本平衡，保障中心区交通与土地使用的协调发展，建立一个与中心区乃至整个城市社会经济发展相协调的运行良好的城市交通系统。

总体思路

1. 指导思想

树立"以人为本"的指导思想，提高中心区交通设施客流运输效率，快速、便捷、高效地集疏运中心区客流，保持客流畅通。

道路交通系统的规划和建设从传统的设施供应为主转向以强化交通需求管理的供需相对平衡的规划和建设为主。

2. 改善原则

优先发展大容量公共交通；
提高道路网设施综合供给能力；
遵循道路使用者付费；
积极采用新技术充分利用和提高现有运力。

3. 基本策略

主要分为三个步骤：
中心区道路资源紧缺，道路资源首先保证满足中心区集散交通（或向心交通）的需求，采用适当的交通组织管理手段和必要的工程措施，将与中心区无关的穿行机动车交通流疏解到核心地区外围，使中心区交通与土地利用协调发展（图1）。

对中心区现状交通设施及附加设施进行改造挖潜，尽量提高道路网综合通行能力，增加中心区交通供给水平。

运用适当的政策调控手段，采取综合交通组织措施，对中心区机动车交通需求总量加以调控，增强城市公共交通的运输活力，引导交通结构向优化方向发展。

主要改善对策

1. 交通系统组织

实行三级分流交通组织：中心区一级分流道路是城市近期道路网规划中规划的快速内环路，分流跨越新街口、鼓楼等核心地区的远距离机动车交通。中心区二级分流道路是中心区周边干道，即莫愁路、上海路、太平南路、太平北路、建邺路、白

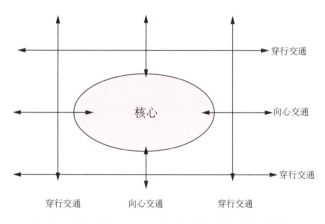

图1 南京市中心区交通与土地使用性质合理模式

图2　机动车干道布局调整方案示意图

下路、广州路、珠江路，分流起讫点在内环路以内并且是穿行新街口核心地区的机动车交通。中心区三级分流道路是新街口四环路，承担穿行新街口核心的机动车交通，以改善新街口核心地区交通环境、促进新街口中心商贸区功能充分发挥。

中心区的机动车交通通过三级分流之后，中山路、中山南路、汉中路、中山东路等轴线道路和内部其他干道的功能得以净化，轴线道路上可充分体现适合于集散向心交通的大容量公交及大众自行车交通功能（图2）。

疏通二级分流道路的延伸道路：疏通上海路以北的云南路、云南北路、湖南路，分别与中山北路、中央路连接；疏通白下路以东的大光路，向东接外环路或对外公路出入口。

新街口核心区交通组织：新街口四环路以内的核心区突出中心商贸区功能，新街口四环路上突出机动车环流绕行功能。在核心商业区开设"8"字形免费公共汽车环形线路，同时增加行人设施，保证人的出行方便和优质服务（图3）。

2. 交通设施改善对策

道路设施改善对策：尽量挖掘现有道路潜力，完善现有道路设施，加强支路系统建设，改造并完善支路网。对边界干道、新街口四环路、区内其他干道、支路提出了改善对策和方案。

交叉口改善对策：选择了23个主要交叉口进行交通设计。

停车设施改善对策：适度提高中心区停车设施供应水平，鼓励路外停车设施建设，在中心区外围设置公共停车设施，加强行业管理，规范停车秩序，加强对路内停车点的管理。

3. 交通需求管理对策

通过以下措施强化交通需求管理：公共汽车优先，引导自行车交通措施，机动车交通需求总量调控，机动车道路设施供给调控，停车调控措施。

图3　新街口核心区交通组织示意图

天津市中心城区快速路系统规划

委托单位：天津市人民政府
编制单位：天津市城市规划设计研究院
完成时间：2004年
获奖情况：2005年度全国优秀规划设计二等奖

项目概要

2000年初，天津市编制了"天津城市综合交通规划"，并于2003年5月批准后组织实施。近年来，天津城市交通结构不合理，机非混行交通严重，车速下降，公交出行比例持续低迷，中心城区原有的"三环十四射"主干道路网已不堪重负，急需规划建设大容量快速通道，解决城市中长距离的交通问题，优化交通结构。在"天津城市综合交通规划"指导下，天津市组织编制"天津市中心城区快速路系统规划"，并于2004年开始建设实施。快速路系统项目位置位于天津市中心城区外环线以内，覆盖面积达382平方公里，规划人口470万人。

规划原则与指导思想

立足于强化现代化港口城市和环渤海经济中心的辐射功能，优化路网结构，实现对外、对内交通的高效衔接，提高城市交通的可达性。

扩展应用TOD理念，引导土地利用沿交通走廊拓展，优化城市空间结构，追求交通系统整体效能和土地利用效益的最优化。

挖潜与增效相结合，尽量开辟新通道，新增路网容量，妥善处理新规划快速路系统与原"三环

图1　规划方案图

图2 快速路快速公交系统

"十四射"主干道系统之间的相互关系。

贯彻综合与协调发展的要求,在提升交通功能的基础上统筹考虑环境景观、交通管理、综合服务等因素,规划建设集"方便、快捷、安全、高效、生态、智能"于一体的快速路系统工程。

严格控制规划标准,节约土地资源。

规划思路与解决方案

1. 科学的方法

（1）交通需求预测

根据对未来机动车交通走廊的分析,中心城区将形成四条明显的机动车走廊。快速路系统要兼顾疏解环线交通和机动车走廊,满足城市主要功能中心对快速交通的需求,建立核心区的交通保护圈。

其中位于中环线以内的部分路段根据建设条件的限制可建成准快速路系统。

（2）方案比选与评价

对影响快速路建设的各种因素综合比较分析,并在利用交通需求预测模型对在多方案进行比选和评价的基础上提出了快速路系统规划推荐方案。

（3）专家论证公众参与

经过广泛征求意见,对推荐方案进行修改完善,确定的中心城区快速系统由两条快速环路、四条快速通道（两横两纵）和两条快速联络线组成,全长约220公里,快速路网密度为0.59公里/平方公里（图1）。

2. 系统的理念

规划综合各种要素,运用系统的理念,构建了以道路桥梁、智能交通、快速公交、生态景观和综合服务等构成的快速路五大系统，做到整体规划、同步实施，使天津市中心城区的快速路成为集"方便、快捷、安全、高效、生态、智能"于一体的系统工程。

（1）道路桥梁子系统

新规划快速路系统与原"三环十四射"路网形成"叠加"和"完善"的效果，使得路网整体容量有了大幅度提高。规划利用铁路两侧新辟快速路通道，形成复合交通走廊，避免对城市建成区形成新的分隔。在快速路两侧红线内规划完整的辅道系统，既为沿线地方交通进出快速路服务，也解决了快慢交通转换中存在的矛盾，保证了路网系统的通行能力。

（2）快速路智能交通系统

智能交通系统是快速路和快速公交系统功能发挥作用的重要保障，利用信息通信技术将人、车、路三者紧密协调、和谐统一，建立大范围内、全方位发挥作用的实时、准确、高效的交通管理系统。

（3）快速路快速公交系统

规划快速公交线路基本沿快速路系统布设，规划快速公交线路10条，总里程239公里。配备高标准大容量专用客车，运送速度为30～40公里/小时，运送能力1万～2万人/小时，将形成现代化功能齐全的城市快速公交系统（图2）。

（4）快速路生态景观系统

生态景观系统是实现生态型快速路的主要标志，通过建设系统化的快速路景观、人性化的快速路景观、可识别的快速路景观，形成点线结合、动静结合、冷暖结合、绿水结合、三季有花、四季常青的生态景观效果，构建生态环境优美的快速路交通空间。

（5）快速路综合服务系统

综合服务系统是体现以人为本、服务优先的重

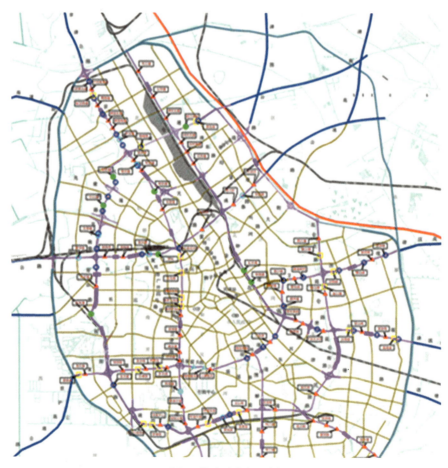

图3　快速路人行天桥

要设施,沿线规划设置不同规模和类型的服务区,提供包括停车、加油、检修、餐饮、住宿、健身、商品零售等服务。

3. 综合的一体化设计

中心城区快速路系统前期方案设计组由规划、设计和管理单位共同组成,对各个子系统进行方案的整体规划与设计,保证规划建设过程的无缝衔接和建设过程中各子系统的同步实施。

4. 创新的融资模式

规划提出了快速路建设的市场化运作以及"土地预期收益锁定法"的融资模式,保证了建设资金的落实。

创新与特色

1. 打破传统的道路规划模式,采用道路桥梁、快速公交、智能交通、生态景观、综合服务等五大系统统筹规划,综合集约设计,同步建设实施。

2. 提供了城市内外交通的高效衔接,以快速路为主(包括快速公交、轨道交通)的复合交通走廊,促进城市外围地区加快发展,为外围新城的建设提供了有力支撑。

3. 突破在既有路网基础上建设快速路普遍存在的弊端,立足开辟新通道以及与现有通道(包括铁路通道)的结合,强化立交节点功能,较好地解决了与"三环十四射"路网的关系,形成与之"叠加"和"完善"的效果。

4. 快速路景观规划在理念方法上突出强调生态环境景观规划设计,以及与城市环境的协调。规划注重土地集约利用,利用桥下空间建设停车设施及市民休闲空间,仅桥下停车场建设即较常规建设模式节约用地18万平方米。

5. 规划全面贯彻"以人为本"设计理念,规划辅路系统、便捷的快速公交系统、快速路服务系统和高密度的人行过街设施,为居民提供便捷的出行条件(图3)。

6. 首次在天津市的规划道路设计中将规划、设计、管理、投融资四位一体统筹考虑。

实施效果

快速路通车里程120已达公里,建成17座枢纽立交。快速路建设极大地缓解了目前中心城区主次干道的交通压力,缩短了居民出行的时空距离。

快速路建设带动了沿线的土地开发和升值,沿线近200万平方米楼盘直接受益;同时将城市建设、环境保护与创造环境结合起来,使沿线环境得到了较大改善,满足了城市可持续发展,体现了人性化城市建设的思想,创造了巨大的社会、经济效益。

综合功能逐步完善。为了满足快速路两侧居民的跨路出行,已建成人行天桥20座,并在快速路两侧配套建设生活服务设施,减少跨路出行。

智能交通指挥系统已初步建立,为快速路的初期运行提供了安全保障。

西安市中心市区快速路体系规划

委托单位：西安市规划局
编制单位：西安市城市规划设计研究院
　　　　　长安大学
完成时间：2003年
获奖等级：2005年陕西省优秀城市规划设计
　　　　　二等奖

规划背景

伴随着近几年西安市强劲的经济增长势头，城市交通已成为制约城市发展的瓶颈。尽管政府在城市基础设施建设与交通管理方面做了大量工作，但交通环境并未有大的好转。究其原因，交通主流方向缺乏能快速贯通各个方向的快速路网，道路阻塞点多仍然是不可忽视的一个"病因"。只有建立起由城市快速路、集散主干道、次干道等组成的高效、便捷的城市道路网络系统，为城市交通提供坚实可靠的硬件支撑，才能够满足现代城市交通的需求。

研究范围

规划以中心市区450平方公里（绕城高速以内）为重点研究地区，并考虑绕城以外地区交通需求，兼顾未来城市发展、一线两带上主要经济节点的衔接。

规划主要结论

1. 解决城市交通问题的几点建议

加大交通建设投资，拓宽筹资渠道；加强交通需求管理，充分发挥现有交通设施的运能；重视城市布局与现代交通需求的协调；加强路网建设，建立西安快速交通体系；大力发展城市公共交通，谋求合理的客运交通结构；处理好自行车、行人交通问题；建立城市交通基础数据库，提高交通管理水平。

2. 中心市区土地使用情况

将西安市建成区划分为6个交通地带、17个交通大区、83个交通中区和343个交通小区。现状用地以居住用地、工业用地、教育科研、商业金融为主。土地的分布具有地带特色，中心城区土地以居住、商业、行政、娱乐为主；城南区用地以居住、教育科研、商业为主；城北区用地以居住、工业、铁路为主；南郊用地以高等教育、高新产业为主；东郊和西郊以工业用地为主。

城市在南郊将建立行政新区，城市用地模式将完成单中心向多中心的转变。规划将增设六个城市新功能区：六大物流中心、中央商务区、新的城市居住区、开发区扩展、大学城和空港区。

3. 市域OD生成分析

市区内出行分布除西郊和北郊相对较少外，其余都较均匀，城墙以内的区域（中心城区）交通相对集中。为满足快速路快速集散交通的功能，由市区的出行分布可知，快速路网的线位间隔应较均匀，不宜过密。

西安市与周围地区的出行呈环状放射分布，过境及出入境交通主要集中在西安市北部地区，且交通主流向为东西方向。交通流向的特点决定了快速路网应以"环+放射"方式布置为宜。

4. 道路网模型建立与路网适应性分析

采用最短路程序对现状路网中83个分区之间的最短路径及最短行程时间进行了计算，四个方向穿过西安市的时间都在1小时以上，而这四个方向的直线距离均小于20公里。与其他同类城市相比，出

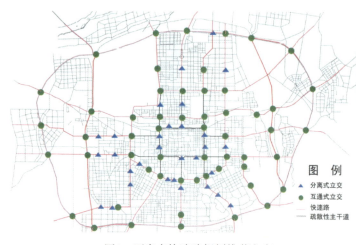

图1　西安市快速路规划推荐方案

行时间相对较长。从走行路径可以看出，西安市在路网结构上缺少一个高速的贯通各个方向的路网结构（快速路网）。

快速路线位布局规划

在分析论证基础上，形成中心市区快速路体系四个规划方案。以可达性、路网密度、路网联结度、立交数作为指标体系，采用层析分析法对四个方案进行综合评价。根据方案定性比较和定量计算的结果以及专家评审反馈的意见，最终确定了推荐方案（图1）。

推荐方案快速路网总长度为270.17公里，其中快速路总长为229.57公里，配套集散性主干路长40.6公里，快速路网密度为0.51公里/平方公里，包括集散性主干道的路网密度为0.60公里/平方公里。

快速路的道路红线除西二环部分路段（从沣惠北路至北二环段）、北二环为100米外，其余快速路的道路红线均为80米。根据各条道路的交通量和其分担的功能以及用地控制和道路现状，将快速路规划为6车道或8车道。

快速路的道路绿带在断面中分两种形式布置：一是尽量把绿带放在道路中央，二是把绿带平均分到中央分隔带和机动车与非机动车隔离带上，绿带一般按规范要求不少于断面的30%（图2、图3）。

立交控制规划

在快速路布局规划的基础上，根据相交道路的性质、功能、现状路网交通量分布以及交通管理组织等情况进行立交点位的布设，以保证路网的通达性与可达性。规划互通式立交55座，分离式立交30座（包括环城路8座主线下穿分离式立交）。

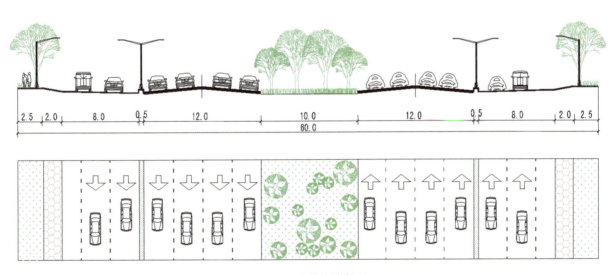

图2　60米快速路断面

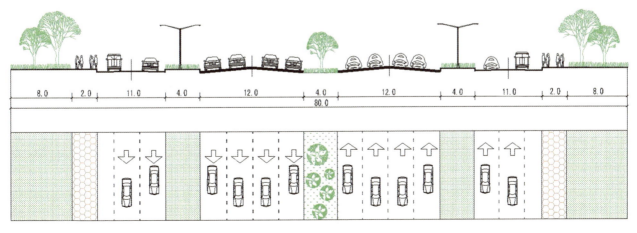

图3　80米快速路断面

长春市近期建设规划

委托单位：长春市近期建设规划领导小组
编制单位：长春市城乡规划设计研究院
完成时间：2006年
获奖等级：2007年度吉林省优秀勘察设计
　　　　　二等奖

项目背景

随着我国区域经济战略重点向东北地区转移，长春市面临新的发展机遇，要求适度超前规划建设基础设施及公共服务设施。配合"十一五"城市总体发展要求，编制城市近期建设规划势在必行，其中交通近期建设规划作为其重要组成部分和城市发展的基础及引导，更是城市发展规划的重中之重。

发展规模

到2010年，长春市规划城镇人口368万人，其中中心城区人口规模320万人。规划城镇总建设用地398平方公里，其中中心城区用地规模330平方公里。

长春市重点发展区域包括中心城区、双阳城区和外围重点发展的7个组团、4个重点城镇、12个一般城镇（图1）。

近期发展目标

增强长春市与东北地区、主要城市及其他国家和地区之间的交通联系，形成以公路、铁路运输为主导，以航空运输为辅的多功能立体化对外交通体系。

以优先发展公共交通为主要方针，建设市区快速轨道交通、准快速公共交通网络；积极引导出行方式选择，优化城市交通结构。

完善城区道路体系建设，初步建立起结构合理、空间分布均衡的快速交通走廊。提高路口通行能力，主要节点立交化。加大新区建设的路网密度，合理衔接城市内部交通与城市对外交通。建成结构合理、功能完善的停车设施。

近期发展策略

打造综合交通换乘中心，加快城市出入口的

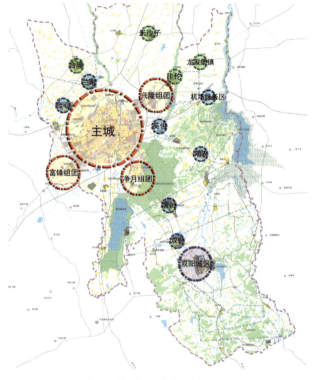

图1　近期发展重点区域示意图

改造，引导过境货运交通，使其与城市内部交通分离。

继续完善城区道路体系建设，优化网络结构，重点建设城市快速路，打通断头路，拓宽瓶颈路，配合新区发展新建、扩建城市干道，尽快形成快速、通畅、高效的城市道路网体系。

优先建设城市轨道交通，建设重要枢纽站点，完善常规公交网络，加强常规公交与轨道交通的接驳协调。

提高交通管理水平，由"单纯满足交通需求"向"科学引导交通需求"转变观念。

近期建设计划

结合长春市城市发展的定位以及产业分布、城市重点发展区域的布局，合理规划近期交通设施，充分发挥基础设施建设的导向作用，以TOD模式引导城市发展。

1. 城市道路

逐步建立起城市的快速交通走廊，分流长距离跨区域出行的交通。老城区完善道路体系，使各级道路的级配比例合理，充分发挥高密度小路网的优势。加快新区道路的建设，给新区的发展提供良好的交通保障（图2）。

2. 轨道交通

轻轨三期工程（规划线网4号线）2007年开工建设，2008年末投入试运营。三期工程完成后，长春市快速轨道线路总长度将达到43公里，基本形成快轨网络规划中的2个半环骨架。积极开展人民大街地铁线（规划线网1号线）的前期准备工作，力争在2010年开工建设。

3. 常规公交

完成对现有小公共汽车的改造，优化调整部分线路。至2010年，规划新增公交线路14条，营运线路长度达到1900公里，线网密度增加到2.5公里/平方公里。规划在亚泰大街、长春大街、人民大街、自由大路等有条件的道路开辟公交专用车道。

4. 静态交通

在城市中心区按规划建设停车楼和地下停车场，新建小区、公建要严格按照规划要求配建停车场。近期共新建社会公共停车场19处，停车泊位4587个，停车面积14万平方米。

5. 交通管理

强化对大型交通集散点的交通管制，逐步建立和完善交通信息采集及信息管理系统，充分利用现有的道路交通资源，提高城市道路的使用效率。

6. 对外交通

建设哈大客运专线长春段线路及相关工程，建设长春至双阳、烟筒山铁路，建设长吉城际铁路。

改造建设九开公路、珲乌公路等国道、省道干线。加强对公路出口的综合整治，打造公路与城市一体化的路网体系。

资金筹措措施

根据项目的投资主体、运行模式、资金渠道和权益归属，按照公共财政原则，规划把各重点建设项目分为非经营（如道路基础设施）、准经营（如轨道交通）和纯经营（如静态交通）三类。确定近期交通基础设施建设供需要资金136亿，并对其进行具体细化。

图2　近期道路建设示意图

洛阳市中心区近期交通研究与规划

委托单位：洛阳市土地规划管理局
编制单位：中国城市规划设计研究院
完成时间：1997年
获奖等级：1999年度河南省科技进步二等奖

项目背景

1996年在《洛阳市城市总体规划》第三次修编工作的同时，《洛阳市城市交通规划》编制完成，为了落实城市交通规划确定的城市交通发展战略，制订近期城市道路交通建设项目计划，控制城市道路交通设施规划用地，洛阳市土地规划管理局于1996年6月组织本规划编制工作。

规划范围：环城西路以西、涧河以东、洛河以北、陇海铁路以南（包括跨铁路交通）的17.1平方公里的范围。以及该范围内九都路、中州路、货运干道的延伸段。

规划年限：近期为2001年；远期为2010年。

工作目标

对近期重大交通基础设施建设计划分析论证，提出中心区交通改善方案和建设意见。对货运干道、中州路、九都路三条主干道及沿线主要交叉口规划用地进行控制。

图2 近期道路建设项目图

规划内容

1. 规划道路系统调整（图1）

王城路、定鼎路：定鼎路位于历史文化名城保护的景观轴线上，弱化其南北向的贯穿交通功能，避免大型交通设施的建设；强化王城路承担的贯穿南北向的交通功能，使之成为一条联系洛南区、西工区、邙山区三个组团介于主干道与快速路等级之间的快速交通走廊。

解放路：主要承担洛南区东组团西部与西工区组团的交通联系。洛南东组团西部往邙山区或向北出入境穿越西工区的交通主要由王城路承担。

中州路：以公共交通为主的客运主干道，是城市的标志性绿化景观道路。

唐宫路：城市次干道，原规划西端接芳林路，本次调整向西打通至王城路。

纱厂南路：原规划南端接凯旋路，本次调整向南打通至九都路。

2. 近期道路交通改善（图2～图4）

疏通中心区内部道路，改造交叉口。合理组织道路与交叉口的交通流，挖潜现有道路网的通行能力。清除道南路、七一路、八一路、丹城路、影院街等市场，使现有道路充分发挥其功能作用。

图1 远期交通系统图

打通西环巷，将现有老城、瀍河区向南的出入境交通从定鼎路上分离出去。打通纱厂南路向南至凯旋路，使解放路、纱厂南路、王城南路共同组织中心区西部南北向市内交通、南北出入境及南北向过境交通。建设王城路的中州路至纱厂西路段，唐宫路向西打通至王城路，改善区域西部南北向道路条件，分解解放路、纱厂南路的南北向交通。打通凯旋路向东的豫通街与西环巷连接，使凯旋路和唐宫路共同分流中州路上的交通。打通货运干道（玻璃厂段及老城段），使城市北部货运干道贯通，发挥东西向主干道功能。建设丽春路，向东连接玻璃厂南路，组织近期九都路以南用地开发建设产生的东西向交通联系，并与九都路共同承担中心区与高新技术开发区之间的交通联系。建设王城路向北过陇海铁路的跨线桥工程，解决陇海铁路南、北之间交通联系上的紧张。

根据近期城市道路建设发展计划、车辆发展政策和目标，以道路交通供需双方的关系相互协调为原则，在路权分配上体现公交设施优先的政策，中州路近期实施公交专用道计划。

公交专用道允许公共汽车、满载的大客车和救护、消防、清洁等特种车辆通行，禁止其他机动车辆进入。并采取交叉口设施和信号优先设施，以保证公交车辆的畅通，缩短公交发车间隔，为提高公交服务质量创造条件。

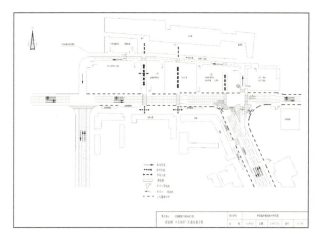

图4 道南路（火车站段）交通改善方案

发展政策

城市交通与城市土地使用协调发展：以公共客运交通为发展重点，确定合理的车辆发展结构，减少汽车交通所产生的污染，注重道路交通环境与城市空间发展的协调。

车辆发展：调控车辆发展，制定适当的机动车增长速度，为城市公共交通体系的建立与发展留出空间和时间。

优先发展公共交通：确定优先发展公共交通的战略方针，促进以公共交通为主体的客运交通体系的形成。

道路交通设施建设及资金投入保障：采用立法形式保障道路交通基础设施建设稳定、持续的资金投入和来源渠道。

加强交通系统管理和交通需求管理：逐步建立覆盖中心区直至全市的交通监控指挥中心，实现交通管理现代化。

图3 近期道路交通改善效果分析图

北京市区快速道路系统功能改善研究及示范工程

委托单位：北京市科学技术委员会
编制单位：北京市城市规划设计研究院
完成时间：2001年
获奖等级：2002年度北京市科学技术二等奖

项目背景

20世纪八九十年代，北京市政府投入了大量资金，相继将二环路和三环路改造成城市快速路，对缓解城市中心区交通拥堵起到了巨大作用。然而，随着环路两侧的土地开发和全市交通负荷的持续增长，两条环路的运行状况不断恶化，大量短途和地方性交通驶上环路，影响了快速环路发挥其应有的承担中长距离跨区交通的功能。如何以两条城市快速环路为突破口，通过技术手段，辅以少量的工程措施，以较少的资金投入，改善城市道路运行功能和道路资源利用率，提高路网整体运转效率是迫切需要解决的重大课题。为此，北京市科学技术委员会批准开展本课题研究。

市中心区道路网系统运行状况分析

1. 市区道路网系统规划与现状

北京市区规划路网密度为2.44公里/平方公里，

图1 北京市区道路网系统规划图

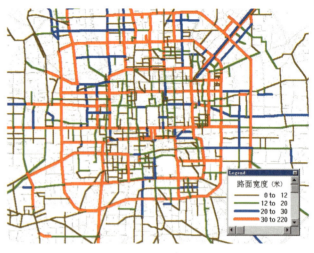

图2 北京市区路网现状图

其中市中心区（三环路以内）道路网密度为4.64公里/平方公里。截至1998年，市中心区已经建成道路（路面宽6米以上）约455公里，道路网密度为3.32公里/平方公里（图1、图2）。

2. 中心区车辆出行特征

以城区为中心的向心交通依然占据主导地位，交通负荷的高密度区仍处在城区；主要干道交叉口交通量持续增长，市区主要干道交通负荷接近饱和，两条快速环路平均车速不足40公里/小时，城区南北干道平均车速不足13公里/小时。

3. 市区道路系统建设历史经验的剖析

路网空间尺度不断扩展，路网功能级配关系却有所恶化；路网扩充的速度大大滞后于车辆保有量的增长；路网建设与其他相关子系统（城市公共客运、交通管理、土地使用等）的建设未能同步协调。

4. 市区路网功能结构缺陷

市区路网先天性功能结构缺陷在过去的20年中虽有一定程度的改变，但在以往的道路网改造与扩建中，忽略了伴随路网建设而发生的路网功能结构动态变化，以致造成后天性功能失衡。这种失衡往往是由于道路功能和技术等级的升级造成的"占位性"功能改变，如主干路改造为城市快速路而导致路网结构失衡。

北京市中心区交通改善总体思路

通过调整和完善路网结构来理顺其使用功能，有效疏解向心交通流，提高中心区路网整体运行效率。

提高公共交通的服务水平，增强其吸引力，改善出行结构。以改善中心区道路网行车条件为契机，优化公交线网结构。一方面，以城市快速道路系统为依托，建立地面快速公交网络；另一方面，扩充公交支线网，提高公交线网的可达性。

强化对交通需求的管理，减少中心区汽车交通吸引与发生量，促使交通流流动有序。

快速环路运行功能的研究

1. 城市快速路车流运动特征

通过与国外高速路交通流特性参数进行对比，发现我国城市快速路与国外高速路存在着较大差异，现有的道路设计规范以及交通分析模型的一些参数不符合我国快速路车流特性，应进行新的调整和标定。

影响城市快速路运动状态的因素不仅仅是车流量本身，而是与道路条件、车流成分等诸多因素有关。

车况的差异会导致快速路通行能力的降低，为了提高快速路运行效率，有必要对一些车况较差、动力性能低的车辆进行限制。

2. 快速环路实际运行功能的甄别分析

快速环路的预期功能：规划赋予3条快速环路的主要功能是连接市区主要放射干线，最大限度地汇集与疏散跨区或穿越中心区的车流，对其所包围的中心地区起到良好的交通屏障和保护作用。环路服务对象无疑主要应为中长行驶距离的车流，并应保持中等以上的行车速度。

快速环路实际运行功能状况的甄别：根据调查数据分析，两条环路都有将近一半的车流平均行程不足2.6公里，分别相当于两条环路全长的1/13和1/18。即使将另一半行程大于5公里的车流统计在内，平均行程也只有6~7公里，相当于环路全长的1/7~1/6。因此，两条环路尽管承担了中心区47%的交通负荷，承载率很高，潜在的通行能力已经得到充分发挥，然而就其承担的车流负荷成分而言，与预期功能目标是相悖的（图3、图4）。

3. 快速环路未能实现预期功能的原因分析

中心区路网系统功能结构失衡，环路建设标准低，且全线各区段标准不统一，环路主路出入口过多，间距过小且布置不合理，节点功能布局存在重大缺陷，节点通行效能低下，成为快速路网的薄弱

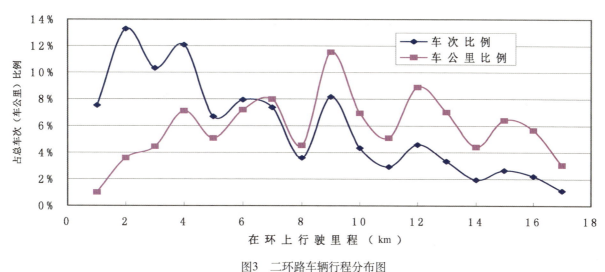

图3　二环路车辆行程分布图

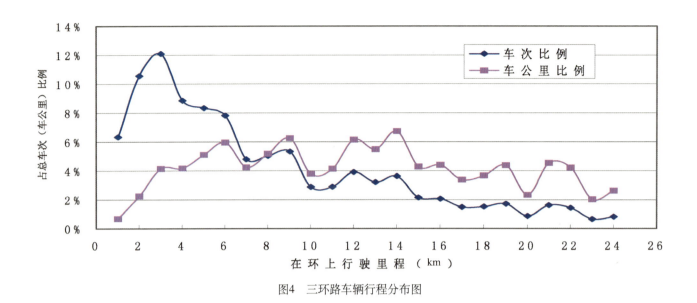

图4 三环路车辆行程分布图

点，缺乏配套的交通组织与管理措施。

改善工程实施方案

1. 市区快速道路系统的功能改善

调整主路的出入口间距：出入口的合理数量取决于环路合理的周转量及出入口自身的通过能力，环路的周转量则是由预期承担的车流成分（行程距离构成）及路网级配关系决定的，利用TRIPS模型对市中心区路网整体负荷分配进行了多方案对比模拟分析，确定了适宜的方案（图5）。

对辅路的功能重新定位，进行相应的改造：环路的辅路除为非机动车提供必要的通行条件外，还必须具备三个功能：为进、出环路主路的车流提供过渡空间；分流环路上短程集散交通量；为环路两侧地区提供便利的出入交通通道。

节点立交及重要路口改建与整治方案：快速路与快速路相交的节点，其主要功能是完成交通流在快速路系统中的方向转换，此类立交的主要转向匝道应具有较高的设计标准，不但要保证车辆的连续通行，还要保证车流速度的连续性；而快速路与主次干道相交的节点，其主要功能是完成快速路与主次干道间的车流集散，所以此类立交节点首先要考虑的是集散能力的匹配。

快速联络线改建方案：鉴于远期规划的环路间快速联络线工程量巨大，近期先选择10条道路条件相对较好的干道作为临时联络通道。

2. 完善与快速路系统匹配的集散系统

环路的辅路调整方案：加宽两条环路的辅路，增设机动车道，保证主路与辅路机动车道合计达到10条以上；在主路出入口处设置足够长度的加、减速车道，确保出入口车辆行驶顺畅。

相关道路整治与完善：配合快速路系统功能的调整，最大限度分流环路上的短途车流，首期要对11条道路进行整治。整治的重点是乱停车、设摊等非交通目的占道。打通5条、展宽6条工程量不大、效益显著的路段。

3. 行人与自行车交通系统

配合快速路辅路的功能调整，对行人与自行车交通作了认真、细致的安排。

4. 快速公交系统

充分利用快速走廊条件，在二、三环快速路主路上开辟公交车道，与环路辅路及周围主干道上的公交专用道连成网络。扩充公交支线网。

5. 改善换乘条件

规划建设公交枢纽站9个：近期4个，近中期5个。分期分批解决平交、立交的换乘困难问题。

6. 建立快速公交系统的其他相关措施

增加车辆，提高运营组织和管理水平，加强需求管理。

7. 改善交通组织管理

调整交通组织方案优化方法，建立环路实时监控系统，建立路上交通信息发布设施。

建立严格的停车管理措施。

实施作用

本项目工程投资仅有4.25亿元，对缓解北京城市道路交通拥堵状况发挥了明显的作用。根据事前事后调查，项目实施后，二环路、三环路主路车速分别提高了8%和43.1%，城市主要干道的车速也有一定程度的提高。经测算，工程实施以后，因路网运行状况改善而节约社会时间价值约合人民币5亿元/年。在快速路上开辟快速公交线，公交运营速度得到明显提高，客运量也得到提高，劳动效率提高了16.7%。仅三环路一条公交线（300路）为例，因运行速度提高，车辆周转快了，可减少运营车辆10部，可为公交公司节约车辆投资300万元。

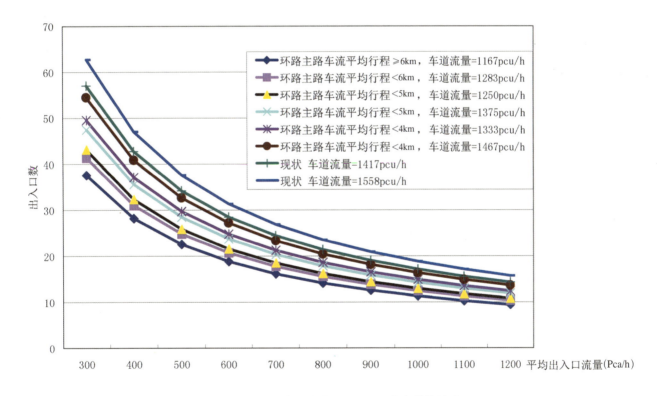

图5　主路入口数量与环路流量及入口平均负荷的关系图

王府井商业中心区交通规划暨一、二期实施规划

委托单位：北京市王府井地区建设管理办公室
编制单位：中国城市规划设计研究院
完成时间：1999年
获奖等级：2000年国家级优秀规划设计金奖
　　　　　2000年度建设部优秀城市规划设计
　　　　　一等奖

项目背景

王府井商业街是北京市第一商业街，建设完善、高效的城市交通基础设施和交通管理，是把王府井地区建设成为开展国内、国际交流、服务全市的现代化商业中心的需要。本次规划针对王府井大街改造为商业步行街的要求，研究提出高效合理、具有实施可行性的交通规划方案和近期交通规划方案。

规划范围：南起长安街，北到五四大街，东起东单北大街、东四南大街，西到南河沿大街内的商业中心区。面积1.65平方公里。

规划目标

规划方案在发展战略构架的指导下，围绕1999年国庆节步行街形成为前提，进行系统和局部交通组织方案的设计。规划目标包括：

1. 促进王府井的繁荣与交通环境改善。
2. 实现该地区有机更新。
3. 具备实施的可操作性。
4. 与远期规划方案衔接、过渡。

规划构思

1. 王府井"金十字"步行街构架

规划提出了商业中心区步行系统在内涵上包含文化教育、商业购物、旅游服务、商务活动、宾馆饭店、旧城保护等多种含义，超越了单纯以增加商业零售额为目的而建设的商业步行街。又从以故宫为中心、永定门至钟鼓楼的城市中轴线中，提炼出王府井"金十字"的概念，不仅有机地配合这一中轴线，而且形式和气氛与中轴线西侧活泼的六海园林水系形成了阴阳互补的关系，又在空间上与天、地、日、月坛构成关系（图1）。

2. 步行系统的交通组织方式

外部大容量公共交通支撑。王府井商业中心区处于远期规划的四条地铁线路的围合区，高水平的地铁系统完全可以与大规模的步行系统相匹配，并为其提供必要的交通支撑。步行系统与轨道交通系统直接相连，必将提高整个交通系统的效率。

内部细胞式交通系统。规划把王府井商业中心区用王府井"金十字"步行系统划分为四个细胞（交通小区），步行系统除局部地段可通行内部公交外，禁止其他交通，包括过境交通。消除了这一区到另一区的直接交通，小汽车要从这个细胞到另一个细胞，必须在其周围绕行。对穿过核心区的机动车在路线的中间设置了障碍，迫使过境机动车绕行到核心区外的环路上，有利于王府井商业中心区交通环境的净化。

规划建立了一套运行于王府井地区内部的免费公交系统，将公共汽车线路、地铁、停车区有机地

图1　王府井"金十字"的城市空间结构

发展，实现多元化的功能。王府井主街为完全步行街，王府井北街为公交步行街，东安门大街和金鱼胡同为节假日步行街。王府井"金十字"的远期规划构想初步形成。

二期工程的规划以前后分工、人车分流、行停结合、便捷可达为重点。采取了分方式的系统交通组织、动静态结合、诱导交通组织等多种交通组织的思路，科学地阐述了步行街范围扩大后所面临的交通问题，提出了一整套规划方案，并在二期工程中逐步实施（图3）。

5. 规划后评估

根据交通调查，步行街形成后原王府井大街的穿行交通流量基本上转移到东单北大街，使东单路口的交通量增加了43%。由于实施了校尉胡同和东单路口拓宽工程，提高了通行能力，基本上能够承担王府井大街转移过来的交通量。交通量的变化未对王府井地区的道路产生严重的、无法疏解的交通压力，步行街的改造非常成功。

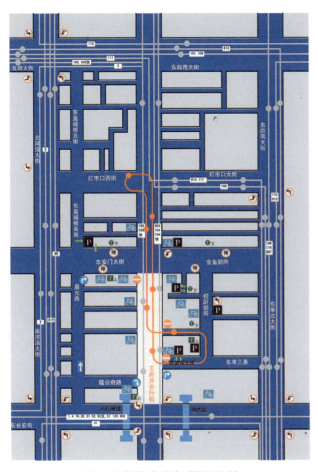

图2　内部辅助道路系统的完善

联系起来，使步行街人流的聚集和疏解不依赖一两个换乘点，而是通过地区性的整个交通系统承担，减少主要换乘节点和道路的压力（图2）。

3. 一期实施规划

一期工程以金鱼胡同以南的王府井大街只允许通行公共交通和少量持通行证车辆的道路定位为前提，围绕1999年国庆节前步行街的形成，进行系统交通组织。针对步行街形成的关键，提出了完善内部的辅助道路系统，提高外环路通行能力的切实可行的方案。局部道路和路口的拓宽改造，为步行街的形成奠定了坚实的设施基础。同时对静态交通设施尤其是机动车、自行车停车场进行了合理的布局。

4. 二期实施规划

二期改造从丰富步行街功能、挖掘周边文化内涵、发挥历史悠久的优势出发，分别向北、西、东三个方向延伸，维持并促进步行街的持续繁荣和

图3　系统交通组织图

哈尔滨市中央大街核心区交通项目

委托单位：哈尔滨市公安局交通警察支队
编制单位：中国城市规划设计研究院
　　　　　北京市交通工程科学研究所
完成时间：1997年
获奖等级：1998年度建设部优秀城市规划设计
　　　　　二等奖

图2　道路系统规划图

项目概况

哈尔滨市中央大街是一条集商贸、金融、办公于一体的综合性商业街，全长1450米，车行道宽度11米，路面为古典欧式方石路面，两侧分布多处不同风格的欧式建筑，集中反映了哈尔滨城市历史风貌，成为重点保护街道之一（图1）。

为配合哈尔滨市政府提出的"改善中心区交通状况，繁荣中央大街商业，保护和恢复中央大街传统历史风貌，加强和建设现代化交通管理措施，规划建设中央大街步行商业街"的总体部署，综合改善和发挥旧城中心区整体环境与功能，开展了本项目规划设计。

指导思想

步行街的开辟并非单纯的道路封闭和机动车禁行，而是一定影响区域内道路系统的重新组织和交通的合理分流。确立规划技术路线如下：

以不进行大的工程建设为约束条件，充分利用和挖潜现有道路交通设施，组织结构合理、功能完善的路网系统；以交通的可达条件维系商业吸引与繁荣；在交通的组织与改善中融入必要的交通需求管理对策；广泛建立在对现状特点、特性的识别。

规划内容

1. 商业步行街规划

根据中央大街沿线商业设施分布及人流吸引特征，结合区域道路系统现状，规划确定自西二道街至西十四道街为完全步行商业街，总长度为800米左右。

2. 道路网规划

保留横穿中央大街的4条东西交通联系通道，即西二道街—上游街、西五道街—红霞街、西十二道街—霞曼街、西十四道街—红星街，并在此基础上建立起以区域外围干道、区内主干道、次干道、支路为体系的等级合理、功能匹配的区域道路网络系统，其余与中央大街交叉的支路封闭为到达性道路和停车道路（图2）。

3. 交通组织

对机动车交通进行了区域性联系交通和区内到

图1　中央大街步行街

达交通的区分与组织。集中布设区域公共停车场，开辟中央大街两侧11处封闭支路共计800个泊位的停车场，基本满足中央大街核心地区的停车需求。

优先增加横穿中央大街东西通道上的公交线网密度，公交港湾站点的设置靠近中央大街一侧，提高中央大街公交乘客的方便程度。根据步行街的分段功能，进行人流组织，形成中心区主要商业购物步行系统和娱乐功能的步行系统（图3）。

4. 交通改善

拓宽与改造外围分流道路，增加交通截流和该地区交通疏散能力，如拓宽改造田地街、安国街等区域集散道路，调整经纬街北段道路断面，达到全线通行能力匹配。

利用区内道路人行道普遍较宽的条件，通过削减部分人行道的宽度，形成与机动车道分布和利用相匹配的道路断面，达到提高通行能力的目的。

局部区域实行单向交通组织和路口禁左，疏解交通集中的压力。通过尚志大街、经纬街等主干道的中央分隔，限制支路的密集交叉影响，保障主干道的交通作用。对改善域内的主要27个道路交叉口进行交通渠化设计（图4）。

5. 交通管理

确定了主、次干道共计40个灯控路口和14个监视路口的交通监控系统总体方案，使交通流在受控区域内有序运行，提高整体路网运行效率；结合交叉口渠化改善，优化与调整信号灯设置，布局行人

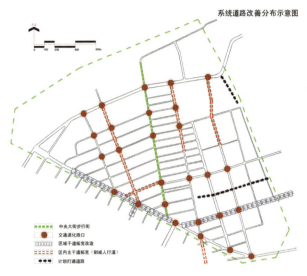

图4 系统道路改善分布示意图

过街设施；对进出中央大街地区的交通流进行需求管理等（图5）。

实施效果

中央大街于1997年6月开辟步行商业街，初期运行即显示了良好的效果。一是实施过渡过程中整体路网系统上没有出现严重的交通拥堵，有效地配合了商业步行街的顺利实施；二是在该地区道路基础设施利用率减少的情况下，利用有限的投资改善了该地区原有的交通紧张矛盾；三是交通的保障条件为中央大街带来了巨大的商业效益和综合环境质量的改善。

图3 交通分流构思示意图

图5 交通监控系统总体方案示意图

济南经十路及沿线地区道路交通系统整体规划设计

委托单位：济南市城市建设投资有限公司
编制单位：中国城市规划设计研究院
　　　　　济南市城市规划设计研究院
　　　　　济南市市政工程设计研究院
完成时间：2003年
获奖等级：2005年度建设部优秀城市
　　　　　规划设计二等奖

项目背景

经十路综合改造工程是济南市"实现新跨越，建设新泉城"战略目标的重点工程，也是城区建设的示范工程。通过经十路的更新改造，提升老城形象，完善城市功能，改善道路交通条件，为城市的"东拓、西进"的城市发展战略奠定基础，为2004年亚洲杯足球赛在济南的举行提供保障。

项目概要

经十路位于济南市城区南部，是贯穿城市东西、连接城市对外进出口道路的主干路。项目研究范围为东起燕山立交桥，西至京沪高速公路，全长16.9公里，沿线规划研究范围为40平方公里左右。

项目涉及道路拓宽、交通组织、沿线土地利用优化、综合环境整治和工程管线敷设等众多方面，是一个规划、设计、施工协同推进的实施性项目（图1）。

技术特点

规划设计遵循土地利用与交通协调发展的指导思想，认真分析经十路城市布局功能、交通功能和景观功能的多重性特点，从区域性和地区性交通系统特征研究入手，制定经十路适宜的交通发展策略和优化的交通系统整体组织方案，并以此指导经十路主线的详细交通设计，提出了保障经十路整体效益发挥的配套道路交通设施建设规划，并配合综合改造工程的阶段目标制定分期规划和一期实施方案。

规划方案

1. 经十路功能定位

经十路作为城市主干路，交通功能与景观功能并重。现状经十路城区段沿线呈现多样性和综合性的土地利用特点，在土地利用优化整合中以"延续、强化、提升、完善"为主，进一步强化了沿线城市功能带的布局。

2. 规划建设目标与策略

总目标：强调经十路综合功能发挥，创造宜人、畅达的交通空间。

总策略：优化道路资源配置，协调土地利用，强化交通系统对城市功能的服务与保障。

基本策略：

（1）依照行人→公交→小汽车→自行车等不同交通方式的优先次序，合理配置道路交通资源；

（2）实施公交优先，建立多元化、高效的公交运输服务系统，先期布设经十路公交专用道，建立快速公交系统（BRT），预留大运量轨道交通系统空间走廊；

（3）建设相对完善的道路网络系统，实施系统交通组织，分流通过性交通，合理分担周围地区进出交通，重点保障沿线地区内部服务性交通；

（4）改善步行环境，提高行人服务水平和建立完善的步行系统；

（5）强调系统开发、综合配套和交通管理的保障措施。

3. 整体交通设计

道路网络：基于市域道路系统分析，确定经十

图1　经十路及沿线地区道路系统现状

路及沿线地区道路网络和功能组织，提出路网规划及建设方案。

公交系统：组织公交线网，合理布局换乘枢纽，实施经十路沿线公交站点分级。

道路断面：进行分区段道路断面规划及交通空间使用分配（图2）。

经十路整体交通控制：进行地区道路交通组织，提出不同道路节点控制方案和系统交通流组织方案（图3），确定道路交通设计空间和用地规划控制。

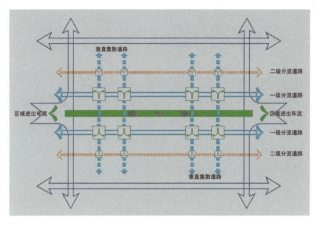

图3　交通流组织模式示意

4. 详细交通设计

以现代交通工程的基本思想进行各交通系统的详细设计，包括重要道路交叉的交通改善设计、主、次干路交叉口渠化设计、公交港湾站设计、单位进出口组织与设计、出租汽车站布局与设计、路段行人与自行车过街布局等（图4）。

5. 分期实施

针对拆迁和工期等因素，提出以实现经十路主线为指导的一期实施计划，并就一期实施的各项交通系统进行相关过渡性交通组织与设计。

6. 交通管理建议

主要针对道路建设和交通设计实现后的相关交通管理和交通需求管理建议。

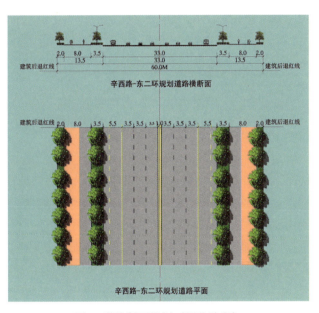

图2　道路断面规划（部分路段）

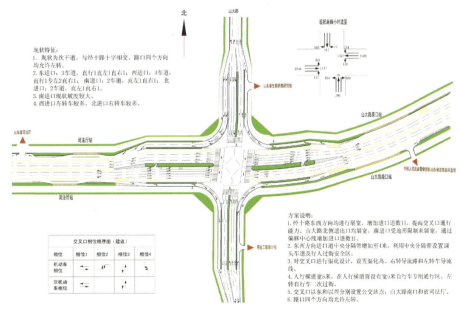

图4　道路交叉口详细设计示意图

沈阳市一环路交通治理规划

委托单位：沈阳市规划和国土资源局
编制单位：沈阳市规划设计研究院
完成时间：2002年
获奖等级：1999－2000年度辽宁省优秀工程
　　　　　勘察设计一等奖

项目背景

一环路总长是29.5公里，由九个路段组成，即保工街、建设大路、南五马路、文化路、万柳塘路、滂江街、北海街、崇山路、塔湾街。规划红线有40米、46米、47米和60米。一环路沿线现有路口68处。在城市的规划路网中有82条主次干道（规划红线16米以上道路）与之相交，有5处铁路正线穿越一环路。一环路是沈阳市"一横、两纵、三环、十四射"总体路网建设的重要环节，是2000年公安部、建设部联合开展的全国范围内的"畅通工程"的重要实施项目。

规划目标

把一环路建成城市核心区外围最重要的交通干道，构成沈阳市中心城区道路网的骨架，使一环路成为联系沈阳市中心沈河、和平、大东、皇姑、铁西、东陵六大行政区的重要交通走廊。一环路沿线汇集了沈阳市及辽宁省很多重要的机关以及国有大中型企业，通过一环路沿线的交通综合治理，改善沿线地区的交通条件，树立沈阳现代化城市的新形象。

规划内容

一环路交通综合治理规划措施主要包括以下几个方面：

1. 保证全线机动车不少于双向六车道。
2. 机动车与非机动车严格分离行驶。
3. 治理后达到准快速路标准，按设计车速60公里/小时，平均运行速度40公里/小时。
4. 机非禁左，尤其是机动车禁左。
5. 路口渠化，增加车道，提高通行能力。一环路沿线共渠化路口12处即保工/建大、崇山/怒江、崇山/陵东、南五/南京、南五/和平、文化/五爱、万柳塘/文艺路、万柳塘/长青、滂江/大东路、北海/联合路、保工/北一、南五/胜利。整理路口10处即明

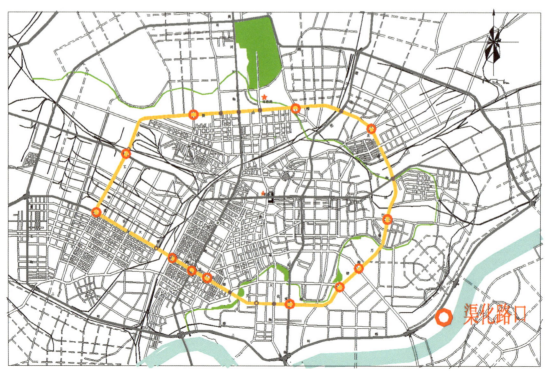

图1　渠化路口位置图

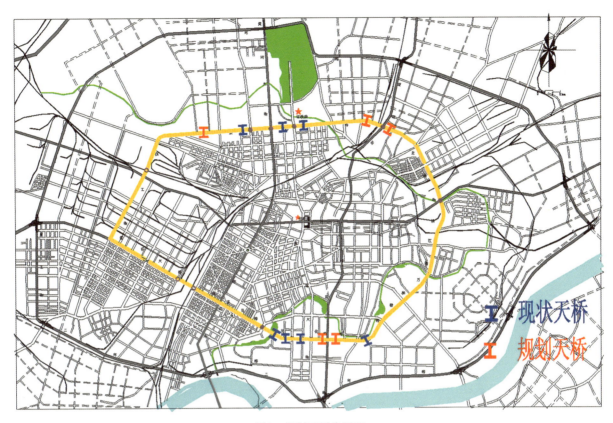

图2 规划天桥位置图

廉、淮河、柳条湖、云峰、北二、北三、北四、太原南街、同泽南街、小河沿路（图1）。

6. 限制车种，早7时至晚10时禁止货车通行。

7. 全线相对封闭，设必要的行人过街天桥。一环路沿线共设置行人过街天桥5座，即陆军总院、药学院、机校街、长客总站、淮河街（图2）。

8. 公交站点规范化设计，以街道家具的方式布置候车亭和IC卡电话亭。

9. 道路拓宽：拓宽瓶颈路段，提高通行能力。拓宽路段主要有5段，即南五马路、滂江街、保工街、塔湾街及北海街（图3）。

10. 完善道路的标志、标牌和路面标线，实行严格的交通管理（图4）。

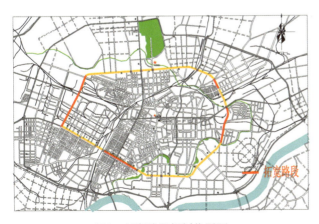

图3 拓宽路段规划位置图

图4 完善整理路口位置图

广州大学城（小谷围岛地区）道路交通及市政工程综合规划

委托单位：广州市城市规划编制研究中心
编制单位：广东省城乡规划设计研究院
　　　　　上海市政工程设计研究院
　　　　　上海同济城市规划设计研究院
完成时间：2003年
获奖等级：2003年度广东省城乡规划设计
　　　　　优秀项目二等奖

项目概况

广州市的综合经济实力多年来一直在国内大城市中名列前茅，但广州市教育事业发展的整体现状却与其作为一个经济大户的地位不相匹配。广州决心大力发展高等教育，实施"科教兴市"的战略，广州大学城将成为这种战略的重要组成部分，并致力于在区域和地方经济中发挥领军作用，成为华南地区最重要的教育产业集中地。

本项目主要包含道路交通规划、竖向专项规划、防洪（潮）及排涝规划、排水工程规划、供水专业规划、燃气规划、电力规划、电信、有线电视、信息网络工程规划、消防规划、城市环境卫生系统规划、管线综合规划等11个专项规划，提出工程投资估算，并对施工期间车辆组织作了详细规划，使广州大学城发展规划得到落地实施，也对后续的工程建设管理及各项资源的合理配置具有实际的指导意义。

道路及交通专项规划

广州大学城道路交通规划是在原《大学城发展规划》（广州市编研中心）的基础上，根据用地结构和功能布局方面的调整，对大学城的道路网结构和交通流线组织进行了优化和深化，并对重要交通设施和节点作了重点分析。具体分为用地布局、道路网规划、中部快线接地组织、中环路车流人流交叉组织、对外联系隧道、公共交通规划、停车规划、施工期间货运组织等方面。

创新与特色

道路交通规划中，科学分析了广州大学城近远期交通需求，对于岛外重要交通干线如中部快线、京珠高速、地铁4、7号线及过江隧道等与岛内道路系统之间的有效衔接作了详细规划；同时对岛内的交通设施、交通组织等作了相应的规划布局。大学城采用"环形+放射状"的内部道路交通结构，教学组团内实行自行车、步行等的"绿色"交通方式；中、短距离的交通采用环形公共交通通道；而大学城的对外交通则使用大运量的地铁、轻轨及公交等；同时提倡自行车及步行交通，从而提高能效，降低排放。

道路断面设计结合实际，突破常规。中环线的断面，为了体现"安全，以人为本"、"发展公共交通"的"绿色交通"理念，将人行道置于慢车道的内侧，便于公共交通的搭乘，而将自行车交通置于慢车道的外侧，便于教师、学生的出行。大学城周边环水，岛上环境相对独立，其良好的环境可以考虑建设自行车比赛赛道，因此在进行道路断面设计时，把外环路靠近外侧的自行车车道设置为9米，

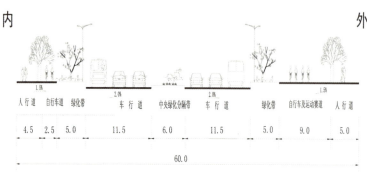 

图1　外环路道路断面规划图及效果图

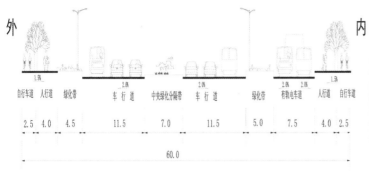

图2　中环路道路断面规划图及效果图

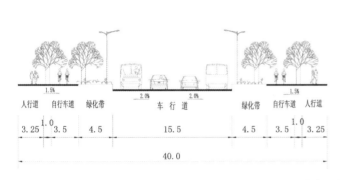

图3　内环路道路断面规划图及效果图

人行道设置为5米，外侧既可以作为平时的自行车道，又可作为大赛比赛期间的自行车比赛赛道，而在内侧自行车道规划仅为2.5米，人行道为4.5米（图1～图3）。

具体规划内容

1. 道路网布局规划

小谷围岛采用环形放射的道路网络，形成"三环六射"的干路网结构。主干路为外环路、中环路，红线宽度60米，双向四、六车道。次干路为内环路和其他6条主要的放射道路，其余道路为支路。在层次与功能上，小谷围岛的道路网分为骨干路网和配套路网两个层次。骨干路网由快速路和主干路组成，配套路网由次干路和支路组成。按功能将道路网划分为3个次级网络：机动车专用网络、公交优先网络和自行车网络（图4）。

对外主干路网包括：京珠高速公路、城市中部快线、新造海隧道、生物岛隧道及洛溪岛隧道。

2. 立交及隧道规划

小谷围岛对外主干路网与小谷围岛内部道路的衔接主要通过三个立交解决。西侧通过设置城市中部快线（高架快速路）与地面辅路连接的上下匝道，中部通过设置环岛路和南北向交通干道的互通立交，东部通过设置京珠高速公路与东西向道路的互通立交解决。规划有新造海隧道、生物岛隧道及洛溪岛隧道共三处隧道保证对外联系。

中环路人行过街有下穿、上跨机动车道方式，共规划九座人行天桥或者过街隧道。

3. 人车分行的组织

小谷围岛中设置独立的步行道路网系统，供步行者和骑自行车者使用。各校园组团和居住组团内可结合整体设计灵活布置自己的步行道路网，各步行道路网均能通达至外环和中环上的校门，以及划分组团的放射道路，使各组团的步行道路网能够相互连接，居住组团的步行道路网能通达大学城中央的中心绿地。

步行道路网系统局部可与环路及放射道路的人行道相重合，在步行道路与车行道路相交处设置了小型绿化广场。

4. 交通量与服务水平预测

本规划按照道路情况、用地规划、自然地形共划分了32个交通大区（图5）。

预测2020年小谷围岛人口25万，主要由学生以及居住在当地的职工构成。岗位13.9万，主要由教师以及配套职工构成。由此，预测小谷围岛总出行量约为116万人次。出行方式鼓励使用公共交通，因此在预测中考虑自行车出行比重较低，公共交通比重较高，考虑到教师购买小汽车能力加强，可能采用小汽车或者出租车方式，因此其他交通方式也将占有一定比重。

根据分析，2020年小谷围岛中环线服务水平达到0.93，接近饱和，其他道路服务水平优良，道路网络基本满足总体交通需求。

5. 公共交通规划

目标：减少出行时耗，扩大服务范围，提高行车舒适性；减少个人出行费用，降低企业运营成本；抑制交通污染排放，形成可持续发展的岛内环境；为最广大的群体提供公交服务，促进社会公平发展。

预测远期小谷围岛公交总出行次数为15万人次/日，其中公共汽车承担的客运总量为10万人次/日。远期小谷围岛公交运能需求为1.0万客位，保管车辆需求量为220标台。

公交线网主要分为岛内线路和岛外线路两类。岛内线网主要由环型线和直径线构成，岛外线路主要通过中部快线与外界联系。本线路规划方案包含12条公交线路，其中岛内线路5条，岛外线路7条。

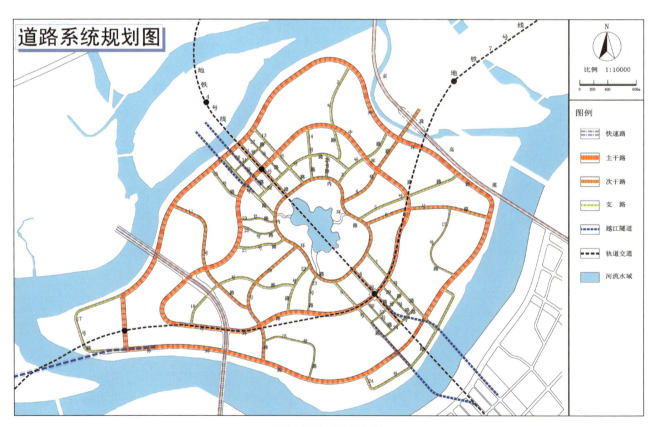

图4　道路系统规划图

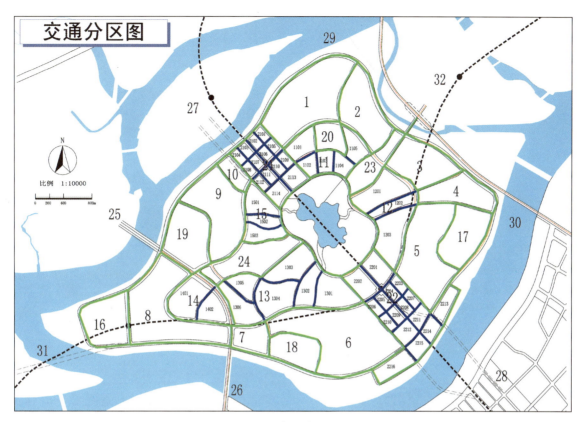

图5 交通分区图

规划公交站场首末站用地规模一般不小于1000平方米，枢纽站用地规模一般不低于2000平方米，中途停靠站在道路范围内以港湾站方式解决。除一个有轨电车车场外，需建一个综合车场，用地面积为15000平方米。港湾式停靠站长度应至少有两个停车位，在支路上设置停靠站时，上、下行对称的站点应在街道上平面错开不小于30米。

公交站点间进行换乘组织优化，以达到以下换乘空间衔接、换乘时间衔接、换乘安全、换乘方便等目标。

出租汽车规划近期（2005年）出租车拥有量控制在180辆。远期（2010年）控制在800辆。

6. 道路交通设施规划

小谷围岛内规划4处机动车公共停车场，2处位于大学城中央公共设施带，南北各一，1处位于科技园附近，另1处位于外环路。

地块配建停车场规划小谷围岛居住用地（学生教师公寓）每公顷停车位7个，教学用地每公顷停车位15个，公共设施用地每公顷停车位80个。

在大学城体育设施区布置两处大型自行车公共停车场，分别位于22、23号路和5、6号路间的绿化用地内，容量分别为500辆；其他公共活动中心如中心广场、商业中心、宾馆饭店、地铁车站等场所，布置相应的自行车停车场。自行车公共停车场具体设计可与地铁站台、绿化种植设计结合。在用地紧张的地区，可将路边绿化后退两米，退让出的空地作为自行车公共停车场。

加油站规划在大学城内按1200米服务半径设置5座。加油站位于大学城内环路与放射道路交叉口附近的绿化用地中，与周边的教学区和生活区隔离开。每处加油站内设置洗车、司机休息等服务。

上海市人民广场地区综合交通枢纽规划

委托单位：上海市城市规划管理局
编制单位：上海市城市规划设计研究院
　　　　　上海市隧道工程轨道交通设计研究院
　　　　　上海城市综合交通规划研究所
完成时间：2003年
获奖等级：2003年度全国优秀规划设计一等奖

项目背景

上海市人民广场既是上海的行政中心和公共活动中心，也是主要的人员集散地和公共交通枢纽，同时作为"近代优秀历史建筑"最集中的区域

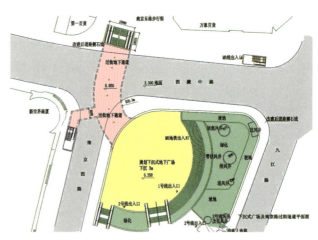

图2　北换乘厅规划平面图

之一，拥有市中心最大和最富魅力的开放空间。但多功能土地使用的特点导致地区人、车、路和环境之间的关系极不协调，近年来城市功能发挥与交通需求多元化、交通设施有限化的矛盾日益突出。在此背景下，本规划试图通过制定适宜的交通发展策略，最大程度地协调各种交通方式之间的关系，优化配置交通设施用地，提高交通设施效率，满足各种交通需求，发挥地区各项功能，以达到交通和环境双赢的目的。

主要内容

1. 调整客运结构，发展轨道交通

根据《上海市城市轨道交通系统规划》，人民广场地区除现状运营的轨道交通1号线、2号线外，规划新建轨道交通8号线。8号线人民广场站站位对锚固轨道交通网络乃至整个地区的格局有着举足轻重的作用。综合地质条件、运营功能、换乘要求、工程难度、施工影响等因素，经多方案综合比选后，确定8号线车站和1号线平行，与2号线车站呈L形布置，三线通过站厅和换乘通道实现付费区直接换乘（图1）。

为实现一体化换乘的理念，在人民广场1号线、2号线和8号线三线换乘处设置南、北侧两个换乘厅。北换乘厅位于原精品商厦位置，为下沉式广场，主要接纳轨道交通换乘人流和商业步行人流（图2）。

图1　规划轨道交通人民广场站平面图

南换乘厅位于九江路南侧，在2号线（地下二层站厅）与1号线（地下一层站厅）之间原有换乘通道的基础上，设宽敞的地下一层换乘大厅，通过大空间保证避免人流混乱、拥挤及由此产生的安全隐患（图3）。

2. 梳理公交系统，实践公交优先

常规公交系统规划从整个人民广场地区乃至更大范围内统筹考虑，线路和站点双管齐下。规划调整人民广场地区公交始发站规模和布局。根据交通预测，考虑到环境影响等因素，武胜路公交始发站规模由原17条公交始发线缩减为6条公交始发线，采用地面布置形式，取消武胜路上海博物馆前的站点，武胜路东、西段各布置3条公交始发线。同时围绕轨道交通换乘节点，梳理过境线的数量，完善公交过境站站位布局。

除现有延安路公交专用车道外，在西藏路改建设计中考虑安排双向公交专用车道，使该地区公交专用通道形成网络，确保公交成为快速、准时、舒适的交通方式，切实落实公交优先的理念。

3. 改建地区道路，平衡运输系统

规划结合公交枢纽、广场公园三期的建设，梳理人民广场地区的道路，通过挖潜、扩容，明确需要改建的道路，提升路网整体服务水平，以构筑与大容量轨道交通平衡的道路网络。重点对现状交通压力最大的西藏路改建进行了深入的分析研究。在明确功能定位的前提下，调整西藏路沿线商业用地布局，保留路东侧的商业设施，西侧规划为开放空间，使西藏路由原来的"沿街二层皮"转变为"半边街"，减少行人穿越西藏路次数，扩大人流疏散区。车道规模采用双向六车道（标准路段），包括公交专用道，考虑路口渠化，设置港湾式公交停靠站。道路断面则采取不对称布局，路东加宽原有人行道，路西与人民广场地区连成一体。

规划区内现在对社会开放的仅有人民广场和延中绿地二期地下停车库。为进一步缓解该地区停车难问题，同时解决上海音乐厅的配套停车，规划在广场公园三期新增一个地下停车库，占地面积约8000平方米，设置200个停车泊位。

4. 完善步行系统，贯彻以人为本

通过立体步行系统的设计尽可能将人流分离，解决人的可达性、穿越性、舒适性、观光性。不同层面的步行系统辅以一系列的台阶、楼梯、自动扶梯、电梯等强化垂直联系，共同构筑完整有序、衔接合理的整体（图4）。

5. 延续地域文脉，注重历史保护

上海音乐厅是广场公园三期保留的优秀近代历史建筑，与以往简单拆除的消极做法不同，规划要求遵循"整旧如故、原汁原味"的原则，对其进行保护性修缮和整体平移，同时以音乐厅为中心建设南北音乐广场（图5）。

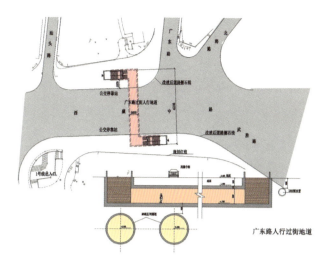

图4 规划广东路人行过街地道

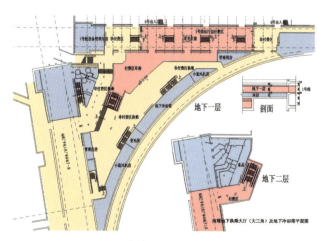

图3 南换乘厅规划平面图

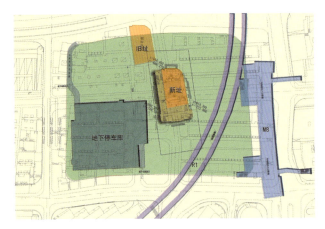

图5 规划上海音乐厅平移示意图

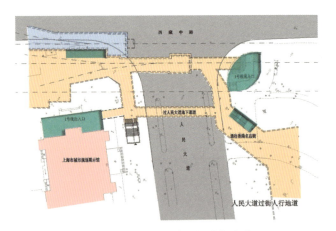

图6 规划人民大道人行过街地道

6. 架构空间景观,整治地区环境

人民广场地区是上海市中心最能体现都市繁华氛围、浓郁文化气息,展示历史文脉的区域之一。规划以人民广场为中心,架构点线面相结合的空间景观系统。

为改善地区环境,轨道交通线的风井尽可能置于地下或降低高度。地下冷却塔则结合九江路轨道交通换乘厅集中设置。

7. 协调交通与环境,合理利用土地

以改善交通和环境为目的,调整人民广场地区各类用地,合理安排交通设施用地,增加绿化用地,增加城市空间,营造流畅、便捷、有序的交通环境和舒适、美观、整洁、明快的城市景观(图6)。

8. 划分建设年限,制定相应计划

近期计划实施包括动拆迁工程、轨道交通8号线工程、西藏路改建工程、广场公园三期工程等。中远期计划进一步完善人民广场地区交通设施和生态环境。

图7 规划人民广场地区总平面图

创新与特色

规划立足于上海建设现代化国际大都市的高度,按照面向世界、面向21世纪、面向现代化这个高起点,针对人民广场地区所处的重要地理位置,提出切实的方案;规划在面向未来的同时,顺应人民广场地区历史文脉,尊重和保留现状形成的格局,将过去、现在和未来有机地融合在一起;对中心城综合交通枢纽的设计理念和技术路线进行了有益的探讨和实践;为规划管理和实施提供了具有可操作性的依据,为市委市府的决策提供了强有力的技术支撑。规划创新与特色集中体现在以下方面:

1. 汲取国内外实践经验,并以先进的理念支撑,充分体现规划的时代性、超前性和前瞻性。在轨道交通换乘厅、西藏路步行空间等设计中,贯彻以人为本的理念,强调步行的舒适可达,创造

人性化的空间；在西藏路改建中，贯彻公交优先的理念，安排双向公交专用车道，使该地区公交专用通道形成网络，公交优先在硬件设施上得以确保；在西藏路车行规模确定中，科学运用供需平衡的杠杆，采取适度供给、调节交通需求的方式解决交通矛盾。

2. 规划从大处着眼、小处着手，与设计、建设部门紧密合作，对人民广场地区一些重要的、关键的节点进行了详细的研究，增强了规划成果的可操作性，保证了规划的有效性（图7）。

3. 体现整体最优的目标，将各交通系统统一调控组织。在寸土寸金的中心城内，科学合理确定交通设施的规模和布局，从而提高综合交通枢纽的运转效率。

4. 以轨道交通为抓手，通过对其车站换乘形式的优化调整，使轨道交通的布局为各种交通方式的有机衔接创造良好的条件（图8）。

5. 注重地下空间的开发利用，使地上地下联结成一体，共同疏散地区交通。

6. 强调城市交通与土地利用、生态环境之间互为促进的关系。在武胜路公交枢纽规模的确定上、武胜路线型的调整上，体现交通、环境和谐的宗旨。

图8 规划轨道交通车站周边地面布置索引图

深圳罗湖口岸及火车站地区综合规划

委托单位：深圳市人民政府
编制单位：中国城市规划设计研究院
完成时间：2004年
获奖等级：2005年度建设部优秀城市规划设计一等奖

项目概况

罗湖口岸/火车站地区是深圳市最大的人流集散地和重要的区域性交通枢纽。罗湖口岸在深圳市四个一线口岸中，历史最悠久，地位最重要，汇集了城市中各种交通方式，是我国最大的、过境旅客最多的陆路客运口岸，该地区的高峰人流超过40万人/日。

罗湖火车站是深圳市的铁路客运中心。罗湖地铁站是深圳地铁一号线一期工程的起止站点，城市地铁的引入及罗湖站的建设，为该地区的综合改造提供了良好的机会。

本次综合规划的基地范围为：规划面积37.5公顷，研究范围10平方公里（图1）。

规划目标

该地区城市更新的规划主题为"可持续·管道化·生态"。本次规划目标是：通过对罗湖口岸/火车站地区的综合改造，将其建成现代化国际水平的立体化综合交通枢纽，成为多功能、高品质的城市地区和罗湖城区口岸经济发展的最重要城市动力。

图1　鸟瞰图

规划设计

采取项目影响范围圈的研究工作方法，对相关和连带的城市问题，进行系统性的考虑并通过合理的技术方案加以解释和支持。对功能空间、综合交通和城市环境三个方面进行了详细的实施性规划（图2）。

1. 空间规划

充分利用已有的空间资源，并利用兴建地铁的时机，合理开发地下公共空间，并为今后不可预见的功能留下弹性和空间余地，实现城市空间的可持续更替与演进。同时进行城市空间重组，控制整个地区的土地开发强度，减少交通空间的需求，完善口岸地区的空间结构。将人行空间、车行空间、交通场站和商业服务空间组成高效的一体化城市综合空间体。

2. 交通规划

突出地铁核心地位，净化进入口岸和火车站地区的交通方式，实现不同交通方式、不同目的、不同方向的人车流组织的"管道化"。

完善和平路、沿河路的快速集散功能，强化建设路向北疏散的功能，人民南路主要承担公交走廊与商业步行街功能，形成合理的城市结构及交通模式（图3）。

采取公共交通和人流优先的原则，在有限的空间资源条件下，进行明确的交通需求管理，将部分长途车迁移至地铁直接服务的福田长途汽车站，分解集中于局部地区的交通矛盾和压力（图4）。

从空间上对各种交通设施进行重新布局，重组空间秩序。地铁罗湖站采取"两岛一侧"地下三层方案，将联检广场作为换乘的枢纽，使各种交通方式以其为轴心环状顺序布局，以有利于和其他交通方式的综合换乘（图5）。

以地铁站为核心，构筑连接口岸与火车站的"十"字形步行空间走廊，实行交通流向的空间"管道化"，进行彻底的人车分流，形成安全、便捷、舒适、优美的交通环境。

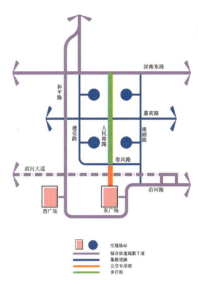

图2 总平面图　　　　　　图3 交通组织分区图　　　　　图4 周边交通组织示意图

3. 环境规划

将口岸和火车站地区与国贸商圈进行环境一体化改造，从功能空间上提出了东门-人民南路-口岸及火车站商业和景观轴的设想，系统地组织城市的空间资源，将罗湖口岸地区的局部问题通过区域化的协调规划加以解决。

打造人民南路的公交专用道和步行林荫道，创建生态化、园林式的开敞空间，形成该地区的绿色和建构筑物景观。整合建筑空间环境，进行优美、宜人的场地环境设计。

根据口岸及火车站地区人流和车流集聚的特点，通过竖向分层与平面分区的设计手法对该地区有限的空间资源进行有效分配，实现了项目规划地区各种交通"管道化"的设计理念，既保证了口岸地区交通集散的安全性，提高了场所的舒适度和高效，彻底改变了原来该地区混乱的交通和景观秩序。

从城市景观方面在满足人车分流的交通组织方式的前提下，保留原有的古榕树作为城市的历史地标，设计了下沉式广场、室内的人行交通层和景观轴线平台等特征显著的景观场所，统一了口岸及火车站地区的景观秩序，形成了独特的城市门户意象。

规划实施

由于规划及时提出整体的系统协调的功能设计，提出新的地铁站人流交通组织方式，保证了地铁服务的合理性和有效性。规划从更大地区交通影响层面研究所暴露的城市问题和相关建议，促成了市、区政府对人民南路地区的城市更新。

规划完成后，编制单位继续承担了实施本规划的技术总承包工作，实时地分解规划所提出的问题，组织各专业设计单位进行方案深化和施工设计，全面指导和配合本规划的实施。

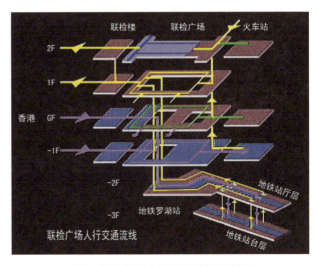

图5 联检广场人行交通组织流线图

深圳市竹子林交通换乘枢纽综合规划

委托单位：深圳市交通局
编制单位：中国城市规划设计研究院
完成时间：2002年
获奖等级：2003年度全国优秀规划设计二等奖

项目概况

规划区位于深圳市南山区与福田区的相邻地段，周边有广深高速公路、滨海大道、深南路、侨城东路等交通干道。随着罗湖口岸的长途汽车客运功能迁至竹子林地区、深圳市东西组团常规公交内部区间换乘需要，地铁一号线主要换乘站在本区设立，规划将建设集长途、公交、地铁的内部换乘及相互换乘功能的大型交通换乘枢纽。该交通枢纽中心规划总换乘人流16000～17000人次/小时，总用地为8.5公顷，总功能面积为12.1万平方米（图1、图2）。

规划构思

规划提出将交通枢纽中心建设成为深圳市未来现代化、国际一流的综合交通枢纽中心，国际化都市高品质环境的城市标志性窗口地区的目标（图3）。确定了外围交通净化及有序组织的原则，人行组织快捷、安全、人行优先的原则，有序高效接驳的综合一体化原则。

采用以交通枢纽为核心的组团式功能结构，并与地铁无缝接驳。东侧保留原福田汽车站为综合交通枢纽的辅助功能区，并在交通、功能、景观上与规划交通枢纽中心统一整体考虑；南侧保留与南

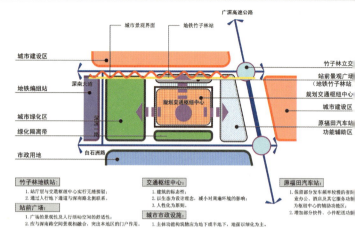

图2 用地功能结构分析图

侧市政用地的绿化隔离空间；西侧预留城市绿化空间，并为内部交通组织留有发展空间；北侧为交通枢纽中心的站前广场，强化地区及道路沿线的景观标志性。

为解决交通枢纽中心对周边城市交通的影响，规划提出"点"、"线"结合及"点的切入"的近远期结合方案。近期采用"点"、"线"的结合模式，长途交通进出线路主要由广深高速公路通过立交匝道这一交通节点在交通枢纽中心南侧组织完成（图4）；在交通量不饱和的前提下，常规公交利用周边城市道路进行线型的交通组织。远期采用"点的切入"模式：常规公交通过设置专用匝道接口，解决公交的进出站线路对深南路及城市交通的影响（图5）。

在内部分区交通及交通组织上，规划提出建立长途、公交、的士及社会车辆各自相对独立的交通功能区域及流线体系，避免各类交通的混行交叉干

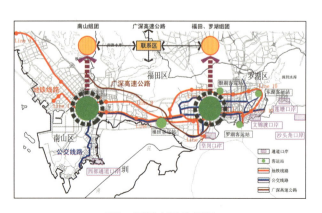

图1 区域交通分析图

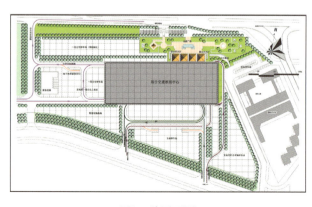

图3 总平面图

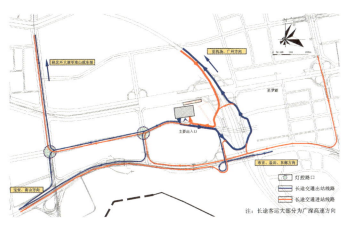

图4 长途交通组织分析图　　　　　　　　图5 公共交通组织分析图

扰（图6）。常规公交以深南路及深滨一路为综合交通枢纽主要进出方向，并在其西侧进行场站内部交通组织；长途客运以交通枢纽南侧的白石洲路为主要进出方向，并在其南侧通过东面立交匝道向高速公路和快速干道发散。

平面和空间上设置相互独立的功能区的交通模式，实现了无缝接驳、以人行优先组织交通、水平及竖向交通人车分流和管道化的接驳换乘（图7）。

规划利用建筑空间的整体性、生态性、功能性及高科技含量，体现其窗口地区的标志性作用。考虑城市生态及区域环境的影响，对整体建筑高度要求，能源、通风、采光及材料运用上提出规划要求及城市设计指引，创造出一流的、现代化的城市综合交通换乘枢纽。

创新与特色

规划对此项目进行了充分的深入调查研究，在进行了大量的方案比选的前提下进行了多方面的探索和创新。

结合现状的交通状况，规划提出"点"、"线"结合及"点"对"点"的近远期结合的交通组织模式，解决了交通枢纽中心场站内部与外围的交通结合问题，优化了外部区域交通的组织。

在内部空间及人车组织上提出管道化的人车分流的组织模式，采用了无缝接驳、上下客独立设置、人车完全分流等多方面的人性化设计，并提出生态化建筑设计和建筑、空间环境生态化，充分体现了以人为本的规划理念。

提出了社会化服务及集约化用地的思路，充分结合了深圳市用地紧张的现状和长途运营社会化的特点。

实施效果

在规划编制过程中，规划对地铁等建设项目进行了大量的协调工作，使竹子林地铁站得到按预期的顺利建设，并对交通枢纽工程的详细设计起到了全面的指导意义，强化了规划的可操作性。

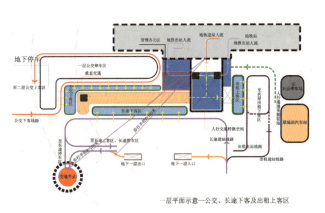

图6 交通流线分析图　　　　　　　　　　图7 一层平面结构分析图

郑州市火车站西出口综合换乘枢纽及相关工程专题规划研究

委托单位：郑州市规划局
编制单位：郑州市规划勘测设计研究院
　　　　　东南大学交通学院
　　　　　铁道第四勘察设计院
完成时间：2006年
获奖等级：2007年度河南省城乡建设优秀城市
　　　　　规划设计一等奖
　　　　　2007年河南省优秀工程勘察设计
　　　　　二等奖

引言

依据郑州城市总体规划和铁路枢纽规划，从城市区域发展的角度出发，本着以人为本、规划超前的思想，着力打造平面交通立体化、混合交通分流化、停车系统一体化、地下开发柱网化等系统，整合西出口周边地区的用地功能，塑造整体景观特色，促进城市中心区的合理更新。

本项目主要研究专题包括五部分：轨道交通1号线局部线路及方案设计、西出口站前广场方案规划设计、区域道路交通与市政管线系统规划、京广北路改造方案规划设计、西出口周边地区详细规划及城市设计。

轨道交通1号线局部线路及方案设计

1. 方案研究

规划方案为线路沿中原东路向东，下穿金水河，过康复中街后，转向东南下穿地块，再转向东行，过京广路，下穿郑州火车站西站房，沿兴隆街，过福寿路，向东北下穿中原鞋业市场、十八科技中学，至二七广场设站与3号线换乘。线路长3293米，设站3座，其中换乘站1座。

2. 方案评价

线路从郑州火车站站房下通过，郑州火车站旅客零距离换乘，对客流吸引有利。对城市影响较小，拆迁量较小。

西出口站前广场方案规划设计

1. 交通设计

交通需求预测：2010年东、西广场平均日客流量约为3.4万人次和5.1万人次。2020年东、西广场平均日客流量约为2.0万人次和3.1万人次。

交通设施布局：火车站站前广场交通方案的总体布局主要包括地面层和地下层。地面层共设一

图1　西出口地下空间剖面图

图2　西出口周边地区城市设计鸟瞰图

个进站口，两个出站口，采用"中间进站，两侧出站"的形式；公交首末站设置于站前广场北侧，公交中途停靠站设置于站前广场正前方，郊县车停车场设置在站房的北侧，出租车、社会小型车辆的落客区设置在广场的南侧，社会大型车停车场设置在站房的南侧。地下负一层设置南北两个换乘大厅；南北两侧分别设置南、北侧城市过街通道，方便出站客流直接进入东广场；社会停车场设置于换乘大厅正前方。

交通组织及换乘：机动车流主要利用京广北路、站北路、站南路以及新开辟的两条道路进行集散。非机动车流通过京广北路进行南北双向集散，人流由商业广场和交通广场实现进出火车站区域。铁路客流通过地面层实现与常规公交、郊县车、社会大车无缝换乘，通过地下负一层实现与出租车、社会车辆换乘，通过地下负二层实现与轨道交通换乘（图1）。

2. 景观设计

以"展现都市活力，构建绿色西厅"作为景观规划的理念，全力打造"新景观-新活力-新发展-新风尚"的城市西出口会客厅形象，为城市的可持续发展及和谐发展树立典范。

设计中心主题为"森林城市客厅"，以大量垂直绿化空间形成生态自然的林荫广场，中轴对称的布局形态，突出中原大城市的博大与雄浑。东广场为东站集散广场，重点解决集散人群通达性，营造高效、怡人的站前广场空间；西广场以商业休闲为主题，以下沉式步行街组织地面与地下空间，使之

相互渗透，形成丰富的城市广场空间形态（图2）。

区域道路交通系统规划

1. 指导思想及原则

提高火车站交通集散能力，完善枢纽衔接体系；增加跨铁路通道供给水平，理顺路网结构关系，建立路网的等级层次结构，优化东西向交通运行环境；交通与用地协调发展，实现中心区城市综合功能的良性循环；改善火车站西出口区域的交通环境，提高中心城区交通运行质量，构筑和谐有序的出行环境和城市空间。

2. 周边区域道路交通规划

建设解放路立交桥，打通解放路与建设路，引导部分穿越铁路交通分流；减轻中心区交通压力；京广北路红线拓宽到60米，向北延伸接沙口路，形成贯通南北的交通性主干道，同时修建京广路下穿中原路至陇海路隧道；加强金水路疏堵工程建设，完善路网系统，加大路网密度。

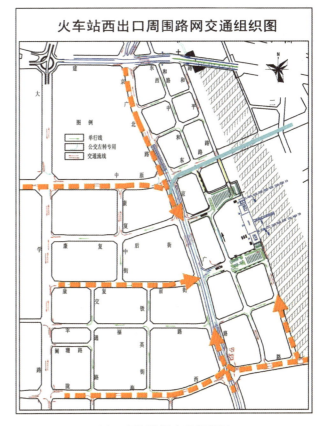

图3　周围路网交通组织图

3. 交通组织规划

充分利用京广路隧道段（中原路-陇海路）隧道分离过境交通，实现过境交通与西出口内部交通的适当分离，减少干扰；除西出口站南路、站北路外，其他城市支路尽量实行右进右出管制，保证京广路交通的快速高效；大学路、陇海路、京广路、中原路围合区域尽量组织单向交通；地块中部南北路加强步行交通的规划设计，加密街坊道路，形成较为便捷的交通疏解通道（图3、图4）。

西广场主要利用京广北路、站北路、站南路以及新开辟的两条道路对火车站客流进行集散。

结合轨道交通一号线的规划，加强城市交通换乘枢纽的建设，实现不同规模和特性的客运交通方式之间的有机结合和无缝换乘，推动客运交通的一体化进程。

结合西广场以及京广路隧道的建设，规划多处人行通道，满足行人通行、集散的需求（图5）。

京广北路改造方案规划设计

1. 交通功能分析

京广路为贯穿中心城区的一条南北向交通性主干道，向南与中州大道汇合后与高速公路衔接；向北衔接沙口路，有利于城市向北联系黄河路、农业路疏散区域交通，有效缓解南阳路区域通行能力低的交通矛盾；并有利于与北环快速路衔接，为城市西北区域的发展提供有利的交通条件；便于西出口交通快速南北疏解，减少中心区的交通压力，并通过相交道路系统与其他城区建立便捷联系。

2. 道路交通规划

京广路规划为交通性主干路，道路红线控制60米，双向八车道，中间考虑BRT专用车道，候车亭设置在中间绿化带，通过天桥（或地道）联系两侧人行道。京广路与解放路、中原路、陇海路路口规划为立交，通过规划隧道分离过境交通，康复前

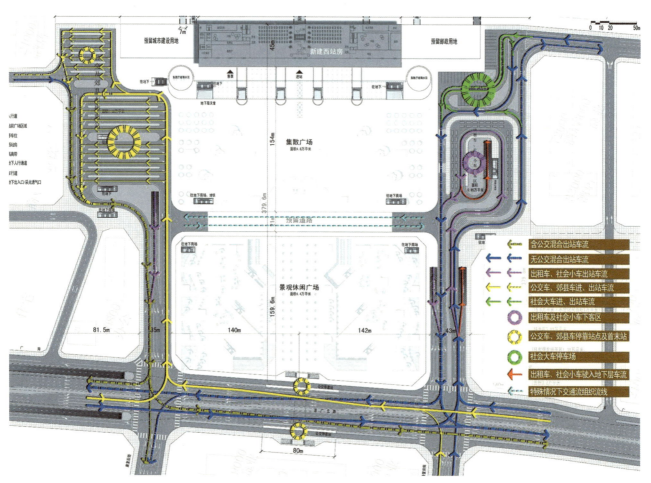

图4 西出口交通组织分析图

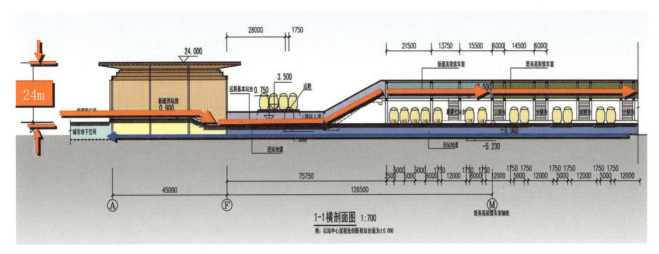

图5　西出口进站流线分析图

街、康复后街与西广场南北两侧道路与京广路形成交通转换节点，减少交通限制，其他支路与京广路相交考虑右进右出解决。

西出口周边地区详细规划及城市设计

1. 规划目标

突出经营城市的理念，调整用地结构，优化用地布局，引导中心城区有序地有机更新，塑造与城市门户地位相符合的高品质城市空间。

2. 规划方案

发展定位为：郑州市的城市会客厅、郑州市商业中心区的有机延伸与补充、郑州市西部城区发展的催化剂。

用地混合开发，提升区域活力。控制公共空间核心区域，维护公共利益。规划方案采取多地块、多模式的形式，适应市场开发的灵活性。统一规划范围内建筑的柱网尺寸，采用方格网络对可开发地块实施空间控制，既形成有序的空间体量，又有利于地下空间的协调开发。建筑景观层次化、绿化景观立体化。

研究结论

通过对火车站地区土地的规划以及西广场地下空间的开发利用，达到了经济效益与基础设施建设投资的平衡。随着西出口及其配套设施的建设，火车站区域交通将得到极大的改善，将带来更大的经济效益。西出口开发建设采取政府协调、企业参与等方式，筹集多方资金，加快城市更新的步伐。

武广高速铁路广州新客站地区规划

委托单位：广州市城市规划局
编制单位：广州市城市规划勘测设计研究院
　　　　　广州市交通规划研究所
完成时间：2005年
获奖等级：2007年度广东省优秀城乡规划设计
　　　　　一等奖
　　　　　2007年度全国优秀城乡规划设计
　　　　　三等奖

项目背景

广州铁路新客站位于番禺区钟村镇石壁村，该站地处广佛两市地理中心，距广州市中心15公里，距佛山市中心16公里，距番禺区中心10公里，区位条件十分优越（图1）。

广州铁路新站是中国四大铁路客运枢纽之一，将打造成以广州为中心联系珠三角的平台，车站汇集4条高速铁路、4条城际轨道、4条地铁线路，设30条大铁到发线、15座站台，年铁路旅客发送量超过1亿人次，建成后将成为华南地区最大的铁路枢纽，可辐射珠三角东西两岸，将进一步整合珠三角对外交通资源，提升广州区域枢纽能力。

规划目标

构建"30分钟出行圈"：利用"高速铁路+城市轨道交通"和"高速铁路+专用匝道+高速公路"打造以新客站为中心的至广州主要城区30分钟出行圈。

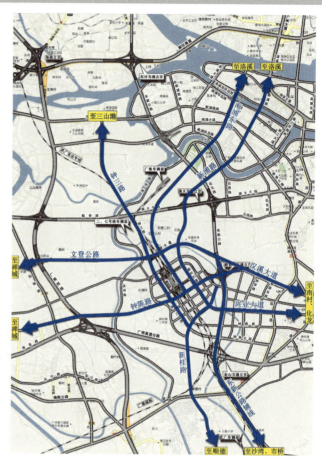

图2　广州新客站区域路网规划图

实现"45分钟广佛交通圈"：通过城市轨道交通及高快速路实现客运专线乘客可以45分钟之内到达广佛都市圈大部分建成区。

建立"1小时城际交通圈"：通过城际轨道交通（广珠、广佛肇等）、城市轨道交通、高速铁路（广深港）实现以新客站为中心的1小时珠三角各城市中心区快速交通圈。

规划方案

1. 交通需求预测

新客站周边居住类建筑面积约143万平方米，公共设施类建筑面积约153万平方米，将容纳4.8万居住人口和5.1万就业岗位。未来年早高峰交通需求约8万人次，其中新客站集散客流中公共交通约占80%。

图1　广州新客站区位示意图

2. 区域路网规划方案

根据新客站的发展要求，规划优化了区域干道路网对接方案，基本形成了放射状区域干道路网方案（图2）：

东部放射线：汉溪大道、兴业大道，主要服务新客站与汉溪长隆组团、番禺新城组团，向东可延伸至南村、化龙等组团。

西部放射线：钟陈路（汉溪大道）、南番大道（石壁大道），主要服务佛山陈村、高村等组团，向西可延伸至禅城。

南部放射线：新桂路、东新高速公路辅道，主要联系顺德、沙湾、石桥等组团。

北部放射线：钟三路、石壁东路、新浦路，主要联系北部南浦、洛溪、三山港等组团。

3. 站区路网规划方案

适应新客站地区发展的需要，结合新客站地区铁路整体走向，构造了网格状地区路网规划方案，地区路网呈三横两纵：

三横主干道：汉溪大道—南番公路、钟陈路、新桂路。

两纵主干道：新兴路（兴业大道及其延长线）、钟三路。

4. 站区轨网规划方案

新客站地区共规划有4条城市轨道交通（图3）分别为：

广州二号线（嘉禾线）：嘉禾—广州新客站，线路长32.3公里，设站24座。

广州七号线（新造线）：新客站—大沙东，线路长28.4公里，设站13座。

佛山二号线：西安—广州新客站，线路全长51.6公里，设站22座，佛山段长49.1公里，广州段长约2公里，设站2座。

广州十九号线（清流线）：西朗—清流，线路长39.4公里，设站19座。

5. 交通设施规划方案

新客站地区配套汽车客运站及公交首末站分设东西广场，其中长途汽车站设在东广场，常规公交总站设在西广场，长途汽车站配套停车场及相关设施设置在新客站北咽喉区铁路高架桥下。

（1）公交客运设施用地总面积约为60252平方米。

（2）汽车客运站：其中东北地块用地约16000平方米；东南地块用地16000平方米。

（3）公交首末站：其中西北地块用地14000平方米；西南地块用地14000平方米。

（4）停车场用地约36000平方米。

6. 交通组织规划方案

东向主流向共分三部分：东向到达东平台并离去流向、东向到达西平台并离去流向、东向到达新客站地下停车场并离去流向，车流比例为40%：42%：18%。

西向主流向共分两部分：西向到达东平台并离去流向、西向到达西平台并离去流向，车流比例为53%：47%。

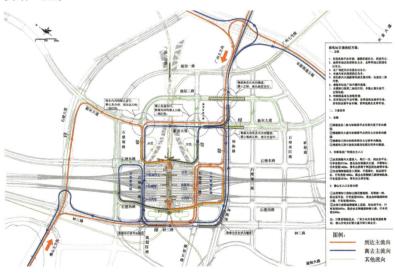

图3　广州新客站地区轨网规划图

国家铁路深圳新客站综合规划

委托单位：深圳市规划局
编制单位：深圳市城市规划设计研究院
　　　　　深圳市城市交通规划研究中心
完成时间：2006年
获奖等级：2007年度广东省城乡规划设计优秀
　　　　　项目一等奖

项目背景

2004年元月，国务院常务会议审议通过的《国家中长期铁路网规划》明确了国家"四纵、四横"客运专线结构中的"两纵"（"京–广–深–港客运专线"及"杭–福–深客运专线"）交会于深圳。2005年3月，铁道部明确深圳市"两主一辅"的铁路客运格局，深圳新客站作为主要客运站，选址于宝安区龙华二线扩展区内。新客站还将接驳城市轨道交通4、5、6号线及长途汽车、常规公交、出租车和社会车辆等多种交通方式，建成后将成为华南地区乃至全国重要的区域性铁路客运枢纽，深圳市最重要的陆上交通门户和一个具有口岸功能的特大型铁路车站（图1）。

2004年6月，受深圳市规划局委托，由深圳市城市规划设计研究院牵头与深圳市城市交通规划研究中心组成联合组开展新客站规划的研究与编制工作。

项目构思

新客站发展目标为：构筑一个具有国际先进水平的功能综合、布局合理、换乘便捷、运作高效

图1　区位图

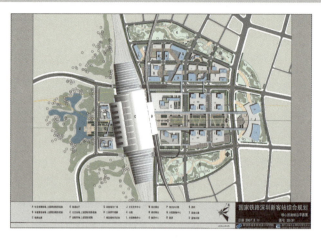

图2　核心区规划总平面图

的一体化综合客运交通枢纽。同时，依托新客站交通枢纽的交通便利性，大大提升该地区发展潜力，带动龙华新城以及深圳市中部地区的发展，提升城市整体的形象和地位（图2）。

项目主要构思如下：

1. 从工程角度，提出国家铁路客运专线布置和衔接的可行方案，梳理出铁路及轨道交通、道路、用地等方面的限制条件。

2. 以国际咨询为契机，探索地方与铁道部在铁路枢纽规划技术层面实现良好互动，并为规划提供更多的技术支持。

3. 结合区域功能定位、干线道路布局、轨道交通以及周边用地条件与环境特色，提出了以铁路客运站布置为核心、各种接驳设施布置有序、集约化城市开发、便捷高效的枢纽总体布局方案。

4. 以人流动线为核心，进行各接驳场站布局和行人、车辆交通组织设计，提出了完全人车分离、行人与公交优先、步行系统与行车流线完全管道化的枢纽详细规划方案，实现城市大型枢纽地区建设用地高度集约化和综合化开发（图3）。

空间布局

1. 高效、有序的交通组织运作——从设施结构入手

铁路：车站采用竖向梭型对称布置，合理调整

站台功能、并将铁路与口岸一体化布置，提高铁路运作效率。

轨道：优化调整轨道线站位，拉近轨道与铁路客运站的距离，实现了零换乘，5号线车站与4、6号线T形换乘，保证主人流尽可能快速集散。

道路：调整道路功能，留仙大道、玉龙路以及福龙路作为新客站的主要集散道路，新区大道与梅龙路作为二线扩展区南北联系主要道路，保证新客站集散交通与城市交通相协调。

枢纽场站：利用铁路站房与步行大道形成的"十"字形结构，长途汽车站和社会车辆停车场布置在西广场，轨道站点、公交和出租场站布置在车站东广场，兼顾铁路与口岸客流的快速疏散和东广场两侧土地综合开发的交通服务。在总体布局上实现了不同类型接驳交通在空间上均衡布置，减少不同交通相互干扰，净化交通环境，实现社会车辆交通组织在空间上与公共交通的完全分离。

人流组织：围绕铁路客运人流为主导进行组织，步行大道作为人流主轴，利用东西两个广场进行人流转换空间，将铁路车站与口岸一体化布置，铁路站房与轨道站厅合为一体布设，并与其他接驳设施便捷换乘。

车流组织：长途车辆、社会车辆、出租车及公共交通四个场站内部均采用两层布置，上落客与人流进出站相衔接，方便接驳，减少人流步行距离（图4）。

2. 便捷、舒适的人行换乘系统——以人为本、设身处地

与城市空间相结合，利用广场将火车站站厅与

图4　设计效果图

轨道站厅平面连接，减少垂直动线距离，提高行人交通的识别度。广场尺度保证一定的舒适度，并能有效组织进出站人流分离。东侧行人二层步道向周边开发地块延伸，有效连接和融合车站和周边街区。

3. 集约、优质的城市空间开发——紧凑布置，引入生态绿化

利用火车站东西两侧高差引入生态绿化，场站采用多层紧凑布置模式，缩小两侧场站占地面积。同时，车站东侧以轨道交通和常规公交为主，提高交通快速疏散能力，减少周边物业对机动车的依赖，保障高强度开发。

4. 经济、可行的建设实施操作——保证相关工程实施的连续性

先开发新客站周边场站，以远街区作为预留。4号线敷设方式、新区大道等道路功能不变。

创新与特色

1. 项目创新

工作机制创新——成功实现规划引导铁道部与地方在枢纽建设上的决策共识。规划采用了前期研究、国际咨询、综合规划三个阶段的工作机制，充分发挥了城市规划的先导作用。在规划过程中，铁道部与深圳市就铁路建设方面签署了多项备忘录，联合开展了新客站规划国际咨询，并将本次规划的成果基本贯彻到铁路站房建筑设计中。

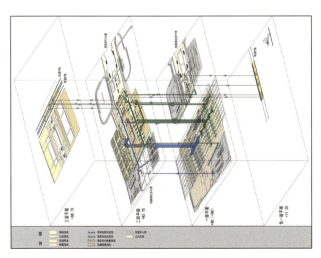

图3　新客站三维流线规划方案图

图5　最终施工方案效果图1

工作内容创新——弥补了口岸与铁路枢纽一体化建设的欠缺。为国内新建同类铁路车站提供了范例，弥补了我国常规铁路枢纽规划内容上的欠缺。

规划方法创新——采用四个结合的方法，技术上保障了规划引导枢纽建设。分别是：交通规划与城市规划相结合，注重交通枢纽与城市土地利用和空间环境的融合；工程技术（包括铁路工程）与规划理念相结合，以先进理念为指导统筹协调铁路设施与城市设施的设计衔接；纵向研究与横向比较相结合，立足国情、保障规划的实施性；定量分析与定性分析相结合，设施规模一方面要有详细的定量分析，另一方面要明确各种设施的功能定位来指导预测。

技术体系的创新——总结出了一套完善的大型铁路枢纽规划的技术体系。通过本次规划的实践，总结出了大型铁路枢纽详细规划的技术体系和工作指引，包括规划技术路线、成果构成及要求等。

2. 项目特色

构筑一个运作高效的综合交通枢纽，为实现城市交通一体化发展打下坚实基础。规划合理地布置国家铁路客运专线、城市轨道、城市道路、交通场站以及其他城市配套、综合开发等设施，将交通枢纽与城市功能紧密地结合起来，有效地促进了整体交通系统的高效运作。

将口岸功能与铁路一体化布局，保证香港和内地联系的方便和快捷。规划结合深圳既有口岸实践，将口岸与铁路一体化布置，在设施上满足口岸功能，并与铁路、城市交通实现良好的衔接。

实现了铁路部门与地方的良好互动，提高规划的合理性以及科学决策水平。

项目影响及实施效果

1. 对政府决策产生重要影响

规划提出的铁路线站位调整方案及铁路客流检讨得到了铁道主管部门的认可和落实，同时已按此线、站位进行招标和设计，目前深圳北站建设工程进展顺利。规划提出的提升该地区城市功能定位，将其作为城市发展的副中心之一，在规划政策和空间引导上已落实。

2. 得到了社会的广泛关注，为相关城市铁路枢纽规划建设提供借鉴

由于规划过程中高度重视公众参与，规划咨询方案都通过公开展示及媒体向社会发布并征询意见，得到社会公众的极大关注。东莞市规划局在深圳调研交流后，充分肯定深圳铁路枢纽规划建设的工作机制，并在东莞东站规划中加以采用，目前该铁路车站规划正在编制中（图5、图6）。

3. 促进了规划组织及管理方式的转变

该规划涉及面广，专业类别包括铁路设计、城市规划、交通规划、道路设计、轨道设计等多个领域，并涉及铁道部、地方政府多个行政部门。此类规划采用城市规划与城市交通专业单位合作，多部门共同参与的方式已得到了规划管理部门的认可，并在此类项目中加以推广。

4. 编制了枢纽详细规划技术体系及工作指引

在项目编制中总结规划技术内容与特色，为相关枢纽规划设计提供理论指引，现已纳入《深圳市城市交通规划设计技术体系及工作指引》一书中，该书于2006年6月由同济大学出版社正式出版发行。

图6　最终施工方案效果图2

重庆江北国际机场综合交通规划

委托单位：重庆市发改委
编制单位：重庆市城市交通规划研究所
完成时间：2008年
获奖等级：2008年度重庆市优秀城市规划设计
　　　　　一等奖

项目背景

重庆江北国际机场位于重庆都市区北部，东临渝邻高速公路，西接机场高速公路，北靠外环高速公路。江北国际机场2005年客运量达到663万人次，货邮吞吐量达到10万吨。

为在2020年把重庆市建设成为国家级综合交通运输枢纽，发挥机场的综合交通枢纽、流量经济的战略作用，重庆江北国际机场将由国内第三类枢纽机场调整为国家三大商业门户枢纽机场之一，最终规模为旅客年吞吐量7000万人次、货邮吞吐量250万吨，成为世界一流的大型国际商业门户枢纽机场。为了适应机场新的功能定位，保障机场的发展要求，对机场外部交通系统进行了深入规划，力求在机场周边打造一个高效、便捷的外部交通系统。

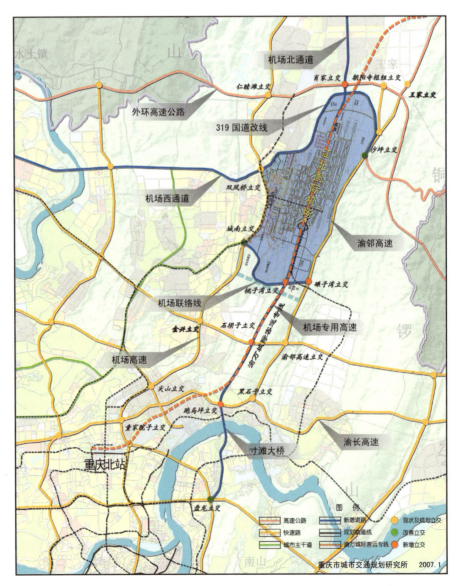

图1　远景规划示意图

规划特点

规划以江北国际机场为中心，集航空、铁路、长途客运、城市轨道、地面公交等多种交通方式于一体，打造重庆市最大的综合交通枢纽。在机场形成"一条铁路、两条轨道、三横四纵道路网络"的"一二三四"的规划布局，为机场的发展奠定良好的外部交通条件（图1）。

规划技术要点

1. 机场交通枢纽功能的强化和提升

规划参考和吸收了如达拉斯机场、法兰克福机场、戴高乐机场、上海虹桥等著名机场的成功经验，充分重视了国际性大型机场对于整个西部地区的重要作用，统筹考虑江北国际机场与成都、西安、昆明、贵阳、长沙、武汉等周边机场的分工及协作关系，为重庆市交通枢纽地位的提升进行了较高层面的规划思考。

2. "零换乘"的规划理念

规划中充分体现了以人为本的人性化规划理念，在机场的T3航站楼前规划了集航空客运、铁路、长途汽车、地面公交、轨道交通于一体的综合交通换乘枢纽（GTC），乘客可以在机场内实现多种方式的无缝换乘。

3. 高效安全的道路交通系统

以流量预测为规划依据，在江北国际机场周边规划了由外环高速公路、快速路一横线、机场高速公路、渝邻高速公路形成的"井"字形道路网系统。远期机场高速和渝邻高速以满足城市内部交通和对外交通功能为主，交通量将趋于饱和。为了加强机场与主城区联系，最大限度保证主城区乘客进出机场的结构安全，提出了在机场往南方向规划一条未来进出机场专用的"机场专用高速"，将机场、快速路一横线、渝长高速公路、内环线有效联系到一起，解决主城区进出机场交通的交通需要。

4. 铁路城市化利用的大胆尝试

未来轨道交通三号线是主城区贯穿南北的一条快速客运走廊，对机场服务能力相对较弱。轨道交通九号线为远景规划线路，只能作为机场进出的辅助通道。因此，有必要在机场与主城之间规划一条专用轨道线作为未来机场进出交通的主通道。规划提出在重庆北站与机场之间规划新增一条机场轨道专线，结合正在研究中的渝万城际客运专线，规划将其引入到江北国际机场T3航站楼下，通过合理的运营组织，使其达到与轨道交通相当的运输能力，实现铁路的城市化利用，作为未来机场进出交通的主通道。

实施效果

规划内容已纳入到《重庆江北国际机场总体规划2007-2035》和《重庆市城乡总体规划2007-2020》中。规划提出的机场联络线将结合机场第三期扩建项目在年内实施。规划的机场西通道、319国道改线和机场北通道等项目也正在进行前期规划设计工作，近期即将动工。

北京市停车系统规划研究

委托单位：北京市市政管理委员会
编制单位：中国城市规划设计研究院
　　　　　北京市城市规划设计研究院
　　　　　北京中城通联智能交通科技有限公司
　　　　　北京公联安达停车管理有限公司
　　　　　北京市市政管理委员会停车管理处
　　　　　北京工业大学交通工程教研室
　　　　　北京市公安交通管理局停车管理科
完成时间：2003年
获奖等级：2004年度华夏建设科学技术三等奖

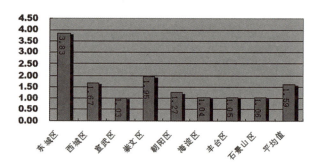

图2　城八区各区路边公共停车场日周转率统计图

研究背景

停车场是城市交通基础设施的重要组成部分，公共停车场具有"准公共物品"的特点；非公共停车位具有房地产的特性，其供需状况对城市空间供应也有很大的影响。城市停车与机动化一样，其矛盾和问题来得如此迅猛，以致人们对其缺乏充分的认识和准备，20世纪90年代初，有关部门预计2000年北京机动车保有量为70万～80万辆，但到2000年底全市机动车保有量已经达到150多万辆，大大超出了人们的预想。

本项目以平衡停车需求和停车设施供应为基本目标，针对北京市静态交通特点，在调查、分析的基础上，制定科学合理的公共停车场规划方案，并提出解决基本车位的对策措施和停车场近期建设项目的建议，使研究成果具有较强的可操作性，为市政府决策提供可靠依据。

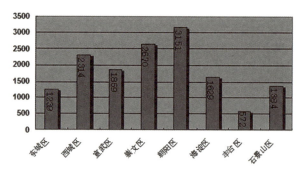

图1　城八区各区路边停车场泊位数图

北京市停车现状问题及原因

北京市"停车难"的直接表现是停车位供应不足，停车位与小客车保有量之比为83.8：100。根据2001年停车设施抽样调查总体平均看，出租车公司自身拥有的停车泊位不到其营运车辆总数的20%；市区的居住小区约有27%的车辆处于"有车无位"状态（图1）。

根据西单地区停车特征调查发现，路外停车场车位不足，约有14.91%的车辆被拒绝停放。路边停车设施和路外地上停车场的停放率远远高于地下停车场。大中型公建停车场的停车泊位实际上大部分被自用，严重影响停车泊位的周转率和对公众的服务，导致地区活力的下降。

路边停车主要为短时停车服务，停放时间不宜过长，最长停车时间应不超过2小时。但从路侧停车场抽样调查看，北京市路边停车车辆的停放时间过长。根据西单地区停车调查，停车时间在1小时以下的共占43%，停车时间在2小时以下的共占74%，停车时间在4小时以下的共占96%。值得注意的是有26%的停车时间在2小时以上；而金融街路边停车的平均停放时间竟达634分钟（图2）。

按照北京市规划管理部门的规定，商业性公共建筑的停车位配建指标为45个车位/万平方米，非商业性公共建筑的停车位配建指标为65个车位/万平方米，但是目前商业性公共建筑泊位仅达到配建指标的30.97%，非商业性公共建筑泊位仅达到配建指标的44.16%，无法满足停车需求。

由于停车位供应不足进而引发了一些相关的问题，如：

1. 违章占路停车。
2. 居住区内侵占公共空间停车。
3. 停车收费不合理。
4. 公共停车场比例过低。

产生"停车难"问题的基本原因在于机动车的快速增长和停车场供应不足的矛盾。既有规划方面的原因，如对停车设施的规划滞后于实际发展进程，没有科学、详细的停车场专业规划等；也有管理和政策方面的原因，如在一些次要道路如支路、小街、小胡同以及居住小区等地方停车执法力度不够，缺乏扶持公共停车场建设的优惠政策，仍存在着停车经营管理单位在经营收费上混乱的状况等。

停车场建设和需求管理问题

停车供应与需求的差距是由两部分造成的，第

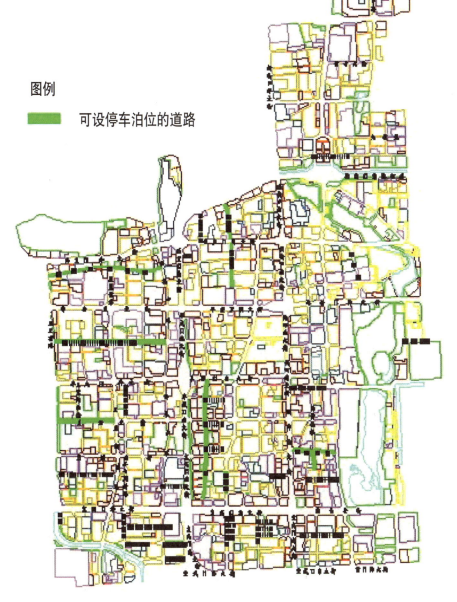

图3　部分区域路边停车分布示意图

一是"历史欠账"造成的,第二是城市机动化水平的不断提高造成的。处理停车供需矛盾面临着三种选择,即:对停车问题不采取措施,放任自流的做法;以停车需求为导向的停车位充分供应方案;改变人的出行行为,引导人们采用公共交通方式,有限满足停车需求的方案。对北京来说,应采取的只能是第三种选择。

解决"停车难"问题的基本出发点是实现停车设施供应与需求之间的平衡,可以通过两条途径来实现:一是采取各种措施增加一定量的停车泊位,并提高停车设施的使用率,提高停车设施供应值;二是在现状交通条件下,以不明显降低该地区人的出行吸引量为前提,合理引导该地区路网交通方式构成,增加公共交通设施,吸引人们乘坐公共交通,降低停车设施需求。对北京而言,途径一是近期采取的方法;途径二是实现平衡的长期方法。

北京中心区要通过控制停车场的规模,缓解城市中心区过度拥挤的现象,保持一种低水平的平衡,对于交通拥挤地区不充分提供停车设施,同时采取必要的停车收费政策,不使车位过分缺乏。

但是,停车需求管理只是缓解交通拥挤的措施之一,停车需求管理无法控制某一区域过路的机动车流量,因此,停车需求管理必须作为一个更加全面的交通需求管理方案的一个组成部分,才能成为更有效的手段,并通过影响居民的出行行为来减少交通拥挤。

解决停车问题的近期措施

1. 居住小区停车管理措施

专用停车位与非专用停车位合理搭配;合理规划、调整居住小区的绿化方式,设置机械式停车库;设立必要的小区交通设施,保证停车秩序;夜间可利用附近的公共建筑停车位的剩余空间来停车。

2. 大中型公共建筑配建指标实施措施

新建、改建、扩建的大型旅馆、饭店、商店、

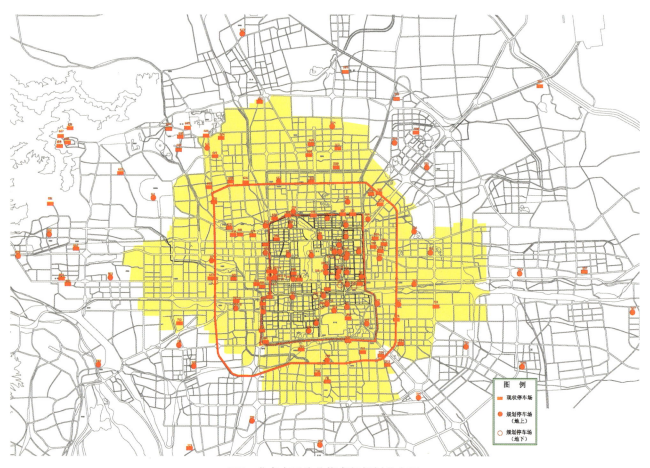

图4　北京市区公共停车场规划分布图

体育场（馆）、影剧院、展览馆、图书馆、医院、旅游场所、车站、码头、航空港、仓库等公共建筑和商业街区，必须配建或增建停车场。配建停车场必须与主体工程统一设计与施工。

对配建指标未达到标准的建筑物业主应要求交纳停车位差额费。交通集中的特定区域，停车位指标应单独研究。大中型公建必须保证一定数量的停车位对外开放，对与之有业务关联的来访者应提供停车位供其停放车辆。一幢（一组）建筑物应保持一定数量的地面停车位，以保证特殊情况或短时停放的来访者可就近停放在距离建筑物最近的地点。

3. 路边停车治理总体思路

根据路边停车场的功能和特点，其设置目的主要是解决短时停车需求，提供短时停车服务。路边停车泊位设置应根据路边停车设置区域内不同时间段可以提供路边停车的道路空间、路边停车场所的使用特征以及当地的停车管理政策，设置允许停放车辆的路边停车位，应控制道路内停车位的总规模，全市不超过泊位总数的5%，四环路以内控制在3%左右。杜绝路边违章停车现象（图3）。

4. 积极增建路外公共停车场

路外公共停车场具有提高设施使用率、调节停车设施布局的重要作用。近期应采取政府牵头、委托经营、市场化运作的方式，确保已经规划的公共停车场用地用于停车场建设，避免因为没有业主单位，使已经规划的公共停车场用地被挪用、挤占。

停车对策建议

建管并重、加强建设；合理规划、优化配置；分区域采取不同的停车对策；明确责任、严格执法；政府为先、民间为主；政策优惠、促进建设。

公共停车场近期建设建议

本着"重点突出，先易后难"的原则，建议逐步加快建设路外公共停车场，以便缓解"停车难"的问题。

规划至2008年年底，应建设独立路外公共停车场133处，停车位71550个。建议优先完成较易于实现的独立路外公共停车场62处，停车位23931个。为了加快建设公共停车场，建议2003年至2004年用两年的时间率先在停车需求迫切、实施难度小的地点建设10个左右的示范性大型公共停车场，每个停车场规模在300~500个泊位。

此外，规划轨道交通的接驳换乘中心停车场18处，车位总数约5400个。以缓解市区交通拥挤问题（图4）。

重庆市都市区建筑物停车配建指标规划

委托单位：重庆市规划局
编制单位：重庆市城市交通规划研究所
完成时间：2005年
获奖等级：2005年度重庆市优秀城市规划设计
　　　　　一等奖

项目背景

随着社会经济及汽车工业的发展，重庆市汽车保有量持续增长，停车需求与日俱增，而停车设施的建设远远滞后于停车需求，停车问题十分突出，城市停车问题已成为城市发展的"瓶颈"。本项目的目标是：掌握重庆市主城区停车现状与车辆停放特征；制定适合重庆市交通总体发展规划的停车配建指标，引导城市停车供应结构的健康发展；通过建筑物停车配建指标的落实，使停车供给与城市路网容量相匹配，确保城市总体规划和交通战略目标的实现，引导城市交通出行结构的健康发展；制定合理的停车管理政策，保证停车管理的科学性、可实施性。

停车发展策略

1. 逐步推行"购车自备车位"政策，解决停车发生点的停车需求。
2. 通过停车位供给策略调整机动车使用与路网容量的关系，引导人们合理地出行，使停车与城市路网容量相匹配，停车场的建设与城市交通协调发展。
3. 对中心区停车需求通过收费差异等措施进行适量控制，外围区采取相对宽松的停车政策。
4. 建立以配建停车为主、集中式的公共停车为辅的停车供给系统。
5. 对于渝中半岛等停车问题突出的地区，以建设占地少、效率高的停车设施为主。

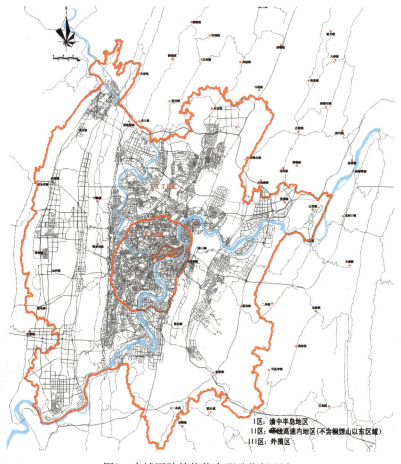

图1　主城区建筑物停车配建指标研究

建设项目配建停车位标准表　　　　　　表1

序号	类别		单位	一区	二区	备注
1	普通住宅		车位/100m²建筑面积	0.34	0.6	
2	经济适用房、拆迁安置房、征地安置房		车位/100m²建筑面积	0.34	0.34	
3	廉租房		车位/100m²建筑面积	0.2	0.2	
4	商业、办公、医院		车位/100m²建筑面积	0.5	0.7	
5	餐饮、娱乐		车位/100m²建筑面积	1.0	1.5	
6	中小学校		车位/100m²建筑面积	0.2	0.2	按照扣除教学用房后的面积算
7	大中专院校		车位/100m²建筑面积	0.5	0.5	
8	公园		车位/100m²建筑面积	0.5	0.7	
			车位/100m²公园用地	0.02	0.05	
9	体育场馆	大型体育场馆	车位/100个座位	3.0	4.0	
		其他体育场馆（不包括设在大专院校或中小学内的体育场馆）	车位/100个座位	2.0	2.5	
10	交通枢纽类（火车站、汽车站、客运码头、机场、轨道站等）		车位/100名设计旅客容量	2.0	3.0	
11	工业建筑	办公、宿舍	车位/100m²建筑面积	0.2	0.2	
		厂房、仓库	车位/100m²建筑面积	0.1	0.1	

注：1. 本表中停车位均指小型汽车的停车位。
　　2. 大型体育场馆是指大于1.5万座的体育场或大于4千座的体育馆。

主要内容及解决的问题

提出了分区域、分建筑物性质的配建停车指标。通过配建指标的研究及停车政策研究（图1），解决了如下问题：

1. 建筑物分类更细化，适应了城市发展的需要。
2. 配建指标、停车政策均体现了区域差异性，有效调节了停车场"中心区拥挤、外围区空置"的现象。
3. 适当提高了配建指标，符合社会经济发展趋势。
4. 对不同性质建筑制定了不同的配建指标基数单位，体现了配建指标的针对性、全面性。
5. 配建指标同时考虑了残疾人出行的配建车位，研究更具人性化，充分体现了"以人为本"的原则。
6. 配建指标同时考虑了出租车上下客停车、旅游车停车等，研究更全面。
7. 完善了停车管理政策、建设政策及管理机制。
8. 鼓励多元化投资建设停车场，出台投资建设停车场的优惠政策，同时停车场采用先进技术，实行信息化管理。
9. 鼓励"停车换乘"模式，并利用停车收费政策进行有效调节。

台州市机动车停车系统规划

委托单位：台州市建设规划局
编制单位：杭州市城市规划设计研究院
　　　　　台州市城乡规划设计研究院
完成时间：2007年
获奖等级：2008年度浙江省优秀城乡规划项目二等奖

项目背景

台州位于浙江沿海中部，长三角南翼，市区辖椒江、黄岩、路桥3区。近年来，台州市小汽车年均增长超过了40%，静态交通体系长期处于规划滞后、监管缺位、发展无序的状态，停车供应结构不合理，供需矛盾严峻，"停车难、乱停车"现象突出，大大降低了交通系统的运转效率，影响了城市的整体运营。台州的城市停车问题已经成为政府和市民关注的热点与焦点，为缓解两难矛盾，改善市民出行环境，促进城市交通和谐发展，因此编制了本规划。

规划构思

规划从停车供需关系入手，在翔实的停车调研基础上，研判停车症结，从宏观的战略政策、中观的总体布局、微观的重点片区三个层次，作出既具前瞻性、又不失操作性的系统规划。

规划始终贯彻"规划、建设、管理、收费"

图2　黄岩区老城区停车布局规划图

四位一体的总体思路。针对重点控制区、一般控制区、外围区的区域差别和特性，采取不同的停车供给策略（图1）。

规划近期以"扩大停车供应为主、停车需求管理为辅"，远期逐步形成"结构分明、布局合理、使用方便"的停车供应体系。最终实现以"配建停车为主体、路外公共停车为辅助、路边停车为补充"的总体格局。

规划内容与特色

1. 调查统计分析细致，为规划提供可靠的基础保证

规划通过对299处停车设施摸底，11个居住小区、23处公建、7个公共停车场、22处路边停车的停放特征调查，以及126名驾驶员的询问调查，分析把握了停车供需结构，从现象到本质剖析"规划、建设、管理、收费"全方面的"停车难"之症结所在。

2. 停车需求、配建指标预测方法合理，为规划提供强大的理论支撑

将市区划分为122个停车小区，对每个小区的各类用地进行统计，根据现状调查结论，采用静态交通发生率模型预测近远期停车需求，对每个小区给出停车需求指标，作为下阶段规划管理控制的依

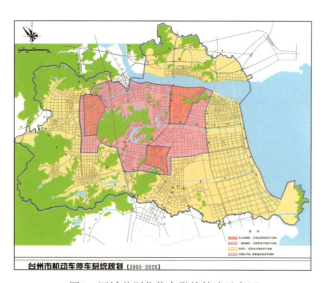

图1　区域差别化停车供给策略示意图

据。分老城区、新城区、交通枢纽区进行配建指标预测,制定适合台州的区域差别、规模差别的配建标准。

3. 差别化、一体化理念为主线,为规划提供有效的策略保障

摈弃以往同质化规划的思路,按照台州城市用地布局,划分为重点控制区、一般控制区和外围区,针对各区的发展特征提出建设型、挖潜型、限制型及供需平衡型的停车解决模式。在停车发展政策上遵循需求分类供应、区域差别供应以及"规划、建设、管理、收费"四位一体化原则。

4. 做到用地落实、实施安排的深度,为规划管理和建设提供有力的依据

根据不同的供应政策、结构以及需求规模,分重点控制区、一般控制区、外围区进行停车系统空间布局,同时针对其他特殊需求区,如"停车—换乘"区、大型集散场所、对外交通枢纽区、公交停车等进行布点。并与各区规划管理处多次协调,落实各停车小区的设施用地,为下阶段控规编制提供依据,大大加强了规划的可控性与操作性。按突出重点、先易后难等原则对停车建设进行安排,并估算投资(图2~图5)。

5. 推广新技术的应用,为停车管理、收费提供更多的智能化手段

规划提出推广咪表收费、立体化停车,有利于

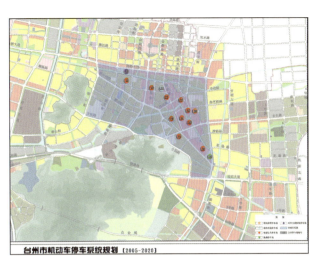

图4　路桥区老城区停车布局规划图

停车管理及用地集约化。为调节停车需求在时空上分布的不均匀性、提高停车设施使用率,开展了停车诱导系统概念性设计。

实施效果

规划已经台州市人民政府批复实施。规划中提出的停车发展策略,为市政府相关部门编制有关政策提供了参考。各片区公共停车场布局和分期规模,为控制性详细规划编制提供了停车设施依据。确定的区域差别化、规模差别化停车配建标准建议,为下一步修订停车配建标准提供依据。台州市区已开始推广立体停车库、咪表等先进技术的应用。在建筑项目配建停车指标把关上,已开始引入交通影响分析评价机制。

图3　椒江区老城区停车布局规划图

图5　行政中心区停车布局规划图

北京城市轨道交通线网调整规划

委托单位：北京市人民政府
编制单位：北京市城市规划设计研究院
完成时间：2004年
获奖等级：2005年华夏建设科学技术奖三等奖

项目背景

北京市区轨道交通线网规划是1993年编制完成的，1999年在规划城市铁路（13号线）时对其进行了必要调整。为构建一个更科学合理、具有一定前瞻性的城市轨道交通规划线网，根据市政府指示，于2001年8月组织国际招标，对原有规划线网进行优化调整。2002年5月，北京市城市规划设计研究院对征集的两个规划线网优化调整方案进行方案综合，形成了北京城市轨道交通线网调整规划的最终方案。

规划方案主要成果

北京城市轨道交通规划网络由中心城轨道交通规划线网和郊区市郊铁路规划线网组成。

1. 中心城轨道交通线网规划

中心城轨道交通线网服务范围为中心城及距离较近的新城地区。线网远景规划年限为2050年，近期规划年限为2020年。

调整后的中心城轨道交通规划线网由地铁线路和轻轨线路组成，线网布局总体上呈双环棋盘放射形态。线网结构和主要调整如下：

本次线网调整保留了原线网棋盘式基本格局；为了弥补城区道路网的不足和缺陷，适当增加了城市中心地区的轨道交通线网密度；针对既有地铁环线过小、调节和疏解客流功能弱的问题，也为了与扩大的城市建成区交通出行特征相吻合，在线网中增设了第二条环线；根据市区向心交通、客流呈"米"字形分布的交通特征，在线网中增设了两条穿城对角线路。

调整后的中心城轨道交通规划线网由22条线路组成，其中16条为地铁线路，6条为轻轨线路。规划线网总长度为691.5公里（图1）。

图1 北京城市轨道交通线网调整规划图

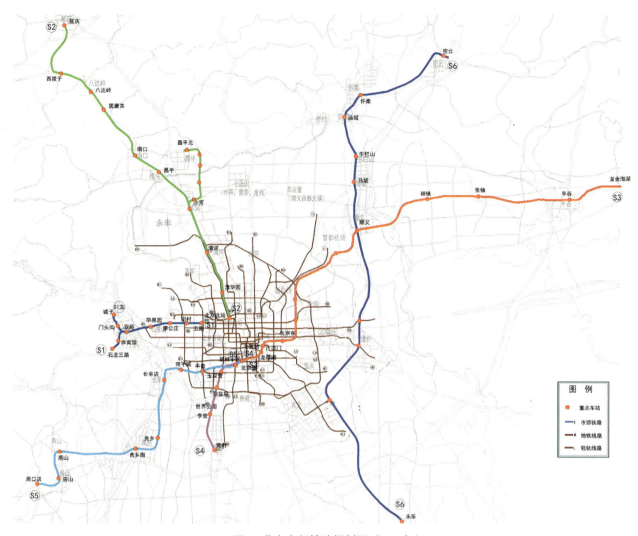

图2　北京市郊铁路规划图（2020年）

2. 郊区市郊铁路线网规划

利用铁路资源是指利用既有铁路线路、车场、站房等铁路设施，或是利用既有和规划铁路走廊空间资源。既有10条对外放射的铁路干线走向与北京市外围新城分布方位十分吻合，近期先建设2~3条客流需求相对较大的市郊铁路线路；根据客流需要，再逐步建设各条通往远郊新城的市郊铁路干线；最终建成连接中心城、覆盖郊区新城地区的市郊铁路运输系统。

市郊铁路线网服务范围为郊区新城地区，及新城至中心城之间沿线地区。市郊铁路线网远期规划年限为2020年。

市郊铁路规划干线由中心城通往郊区新城，规划线网呈对外放射型，在东部城市发展带上设置了一条外围玄形线。市郊铁路规划线网由6条市郊铁路干线组成，干线网络总长度为430公里（图2）。

规划方案主要特点

1. 继承原线网优点，优化中心城轨道交通线网结构，增设市郊铁路线

在继承原线网三横三竖加一环方案的基础上，根据城市未来发展和客运需求，优化了网络结构：一是加大城区线网密度，为重点建设地区提供强有力的交通支持；二是增设穿城对角线，以符合客流主导方向；三是增设第二条环线。这三项结构调整可以增强线网服务功能和有利于提升线网服务水平。

中心城线路延伸至边缘集团和较近的新城；增设市郊铁路规划线网，其线路通往各新城，支撑城市布局和空间结构调整。

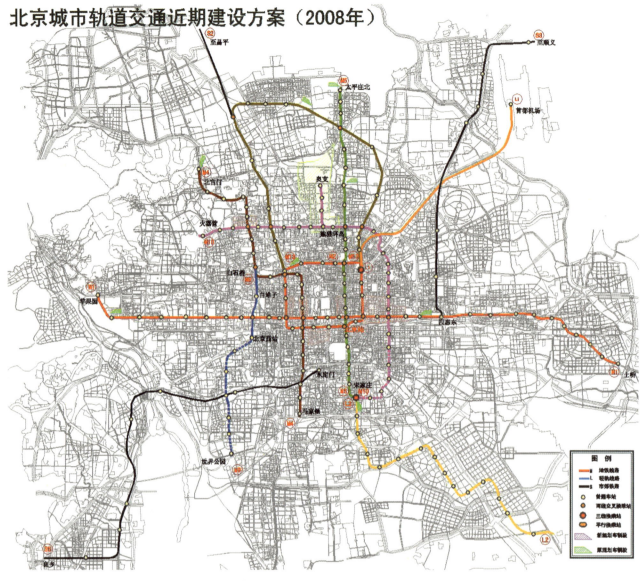

图3　北京城市轨道交通近期建设方案（2008年）

城市中心地区轨道交通线网采用较高密度，大多数乘客在城区任何地方步行5分钟之内可搭乘轨道交通，线网建成后，交通高峰时间约有75%~80%的乘客将在地下实现出行，有利于城区地面交通的疏解和古都风貌的保护。

2. 近期建设方案根据2008年奥运交通需要确定，很好地指导了各条线路的建设

提出的近期建设方案除考虑交通需求因素外，与以往不同的是，与市计委共同研究和落实了建设资金和建设主体。因此，方案具有很强的可实施性，市区8条轨道线路和郊区3条轨道线路均已进行设计、规划或前期运作工作，按照计划，这些线路大部分将在2008年之前建成通车（图3）。

3. 研究工作深入细致，线网节点得到优化

地铁4号线在线网中原由3条线搭接组成，像北京地铁一、二期工程和地铁1、2号线的关系一样。由于将4号线在线网中作为一条永久线考虑，因而原规划的三条线未利用的线段均要有一个合理的安排，而网络是"牵一发则动全身"、重新编织线网难度很大。通过多种方案的比选，进行了深入细致的研究和调研工作，最终使线网节点得到较为合理的解决，工程得以简化，方便了乘客换乘，节省了工程投资。

4. 对铁路资源进行了较深入的调研，提出服务于郊区的市郊铁路规划线网

在对北京铁路资源进行深入调研工作的基础上，对如何利用铁路资源提出了"利用既有铁路线场设施、利用既有铁路走廊和利用规划铁路走廊资源"的鲜明观点，以及实施推进的方法和建议。利用铁路资源发展市郊铁路具有建设周期短、投资省、见效快的优势。鉴于发展市郊铁路还有一个客源市场培育和建设体制磨合的过程，因此将其规划年限确定为2020年。

5. 在规划中首次提出采用中运量的轻轨系统

国外轻轨运输系统应用十分普遍，过去北京地铁规划中一直有不能搞多种制式的呼声。这次规划结合客流和实际需要，在城市边缘和客流较小的交通走廊上，共规划了6条轻轨线路，打破了过去的偏见，轨道交通线网层次更加明确，线网结构也更趋合理。

6. 车辆段用地共用，节约城市建设用地

在过去的地铁规划中，每一条地铁线路需要安排车辆段和停车场各一处。本次规划结合近期建设线路，在宋家庄安排了一处4条轨道线路合用一处车辆段。一是打破了车辆段只能独用的惯例，二是车辆段内部分设施资源各线可共享，节省了工程投资，同时也大大节约了城市建设用地。

7. 在规划文件中首次提出在市区外围地铁末端车站规划设置大型小汽车接驳停车场

随着私人小汽车的发展，在未来二三十年内，将有部分居民选择在郊外居住、在城内工作的全新生活方式。而未来的交通政策将使私人小汽车进城出行受到抑制。本次线网规划，提出在四环路、五环路附近的地铁车站，应视其条件设置较小规模的小汽车接驳停车场;而在市区轨道交通线路通往城外的末端车站,应设置大型小汽车接驳换乘中心（国外称为P&R）。该规划理念新，未雨绸缪，上述小汽车接驳停车场和换乘中心将满足未来小汽车乘客在城外换乘地铁停车接驳需求。

8. 在规划文件中首次提出将长途汽车与地铁接驳换乘的全新概念

本次线网调整规划，结合北京市区长途汽车站存在的问题，从构建城市客运交通一体化系统角度，提出对市区内长途汽车站作集中整合、适当外迁、与地铁接驳的全新理念，在城市外围不同方位结合地铁车站设置5~6处大型长途客运综合枢纽。一是可以使长途汽车对外交通与市区客运交通系统衔接更加紧密，便于长途乘客的快速疏解；二是可以为地铁输送稳定的客流，充分发挥地铁的运输作用；三是可以削减市区道路上长途汽车进出城的交通量；四是长途汽车不进城将有利于城市中心区的大气环境质量。

实施作用

2004年北京城市总体规划修编时，其轨道交通线网规划基本上采用了本项规划成果。2007年报出的北京城市轨道交通建设规划也以本项规划成果作为基本依据。

在城市外围设置小汽车接驳换乘中心（P&R）的理念已被后来的专业规划所采纳。第一处小汽车接驳换乘中心已在天通苑北站投入使用。在城市外围地区结合地铁车站设置长途客运综合枢纽的理念已被后来的专业规划所采纳。

上海市城市轨道交通系统规划

委托单位：上海市人民政府
编制单位：上海市城市规划设计研究院
完成时间：2000年
获奖等级：2001年度建设部优秀城市规划设计
　　　　　二等奖
　　　　　2001年度上海市优秀城市规划设计
　　　　　一等奖

项目背景

随着社会的发展，上海城市功能和性质发生了巨大的变化，根据新一轮城市总体规划确定的上海市城市的性质为："上海是我国最大的经济中心和航运中心，国家历史文化名城，并将逐步建成国际经济、金融、贸易中心城市之一和国际航运中心之一"。新一轮城市总体规划所确定的上海城市发展规模、发展目标、城市总体布局结构、城镇结构体系等与1986年国务院批准的上海市城市总体规划有重大调整。

上海的市区范围大大扩大，除了浦东新区已成为市区一部分外，还新成立了闵行、宝山、嘉定、金山、青浦等新市区，市区的产业结构和空间布局发生了较显著的变化。为了适应这些变化，服务和引导城市布局的进一步调整，上海城市轨道交通系

图1　市域轨道交通系统规划图

统规划也必须作相应的调整，同时也是适应上海城市已经和正在发生的变化和实现上海经济、社会发展战略的客观需要。

规划期限

规划期限为2001～2020年，近期至2005年，远景年为2050年。

规划范围

规划将着眼点从中心城转向市域范围统筹考虑，规划区总面积为6340平方公里。

规划原则

城市交通系统必须与城市的发展方向、布局形态结合。轨道交通线路的规划布置，既要解决城市建成区的交通问题，同时还应引导城市向合理方向发展。

轨道交通系统必须与城市用地性质相协调，与主要客流走廊和客运需求相一致。轨道交通线路应能便捷地联系各大客流集散点、商业活动高度发达区等重点地区，缓解交通压力。

轨道交通系统应与其他交通体系紧密结合、综合安排，共同构成高效的城市综合交通体系。换乘枢纽作为各种交通方式之间转换的关键节点，将是轨道交通系统的重要内容，应以人为本，方便乘客。

轨道交通网络的布局和密度必须与城市交通的布局和密度相吻合，综合考虑建设条件，合理确定网络密度，新线路规划方案应协调好与原轨道交通网络的关系。

上海地域范围较大，区域差异明显，在确保交通功能前提下，应综合考虑环境承受能力，尽量采用经济、易于实施的轨道交通模式。

因地制宜采用地面、地下、高架等不同的线路敷设方式。在中心城（外环线）以内，轨道交通线路主要采用地下线路，在中心城以外有条件处可采用高架。

规划目标

中心城区大运量轨道交通线路基本建成，提高网络化水平；新城轨道交通线路基本全覆盖，提高人口疏解能力。提升重点区域轨道交通疏解能力，完善网络形态；提升保障性住房轨道交通配套能力，服务民生。中心城区站点覆盖面积和覆盖人口达到更高水平；轨道交通客运分担率和公共交通出行量达到更高比重。

轨道交通网络总体布局

根据城市的发展规模、布局形态、地理条件和客流分布情况，采用市域快速地铁为基本骨架，市区地铁增强网络在中心区的功能、市区轻轨为补充，并以大型换乘枢纽"锚固"整个网络，形成纵横交织网状均衡分布的网络布局结构。

1. 市域级快速轨道交通

市域级快速轨道线网是一个放射状的轨道网络，把城市主要活动中心、市郊新城和市中心区直接相连，具有市域交通服务功能。

市域级快速轨道线网同时是中心区网络结构的组成部分，线路均以径向线方式穿过市中心，具有轨道线网的主要骨架功能。在市区，通过浦西和浦东几个大型市域级换乘枢纽，"锚固"整个网络，突出轨道线网的结构作用（图1）。

2. 市区级轨道交通

市区级轨道交通线的作用是保证城市中心区的轨道交通服务，并和市域级快速轨道线网成为一体；同时市区级网络又由局域级交通服务给予补充。

市区级轨道线网中地铁类线路穿过市区最为密集的地带，是以径向线形式连接市区主要活动中心，地铁类线路确定了市区轨道线网的主要框架。

市区级轨道线网中轻轨类线路主要在城市内密集度较低的地带，起到补充轨道线网的作用（图2）。

轨道交通枢纽

轨道交通线的上下客站，因其运量大而自然地成为换乘的核心。换乘点规划方案是否恰当合理是交通设施能否充分发挥作用的关键，应先予控制。

枢纽按所在地位、环境、相交线路多少不同而不同。中心区公交线网密度高，其换乘特点以不同的公交线间或步行转车的客流为主，利用私人交通工具来换乘的较少，故车站规划要求自身规模大，但地面供停放车空间可小些。外围地块以住宅为主，客流主要以上下班劳动客流为主，上下班高低峰明显，因公交线密度较低，利用私人交通工具来换乘的比重高，车站规划本身规模可能不大，但需准备较大的停放车空间。虽然换乘枢纽性质不同，规模有异，但要求换乘方便的目标则是一致的，因此规划枢纽必需强调紧凑，距离要"近"，流向要"顺"。

城市轨道交通系统规划主要特点

按照可持续发展战略，坚持以人为本，城市轨道交通系统规划突出以下三个特点。

1. 功能分级

在线路分级上按服务功能分为市域级、市区级和局域级。市域级线路使中心城与郊县以直达的方式连接，取代原规划的市郊线和中心城地铁换乘，达到出行的连续性和直达性，提高了网络的总体服务质量。

市域快速等级：主要是可以为整个市区提供快速到达城市各大枢纽的服务，该类服务配合城市朝多中心方向发展，并与向国内、国际辐射的重要对外交通设施（空港、海港、铁路客站等）相衔接，该级网络将作为轨道网络的骨架。

市区级：可以对城市化最为密集的中心区域，提供能满足上海城市活动需要的服务（即发车频率高、运输能力大、运行速度快等），该级网络编织在市域级网络之上。

局域级：可以为各局部区域交通需求提供服务。不管在何地域，均可对前两级网络进行补充。局部交通需求不大的情况下，在密集中心区可作为一种网络编织的补充，在新城作为一种局部的交通服务，或作为市域级换乘的补充。

2. 枢纽

强调枢纽作为"锚固"整个网络的重要节点，通过多线换乘枢纽达到减少换乘、稳定网络的目的。

根据城市总体规划所确定的城市发展方向，分析市域整体交通服务需求，确定轨道网络的总体布局结构。采用"科学"和"经验"相结合的方法识别交通走廊，并根据轨道交通服务等级，编制多种线网方案。在网络布局上以市域线为骨架，通过主要换乘枢纽"锚固"整个网络，并以市区级地铁增强网络在中心区的功能，以市区级轻轨作为补充，完善网络在内外环线之间的服务功能，突出网络方案的整体性、系统性及其服务能力的直达性和连贯性。

3. 编织

强调线路与线路之间的编织，以纵横交织的线路取代棋盘式结构，目的是使线路的布设与交通流向更好地结合，并减少换乘。

线网规模

上海市轨道交通网络共由22条线路（其中22号线是原1号线的一部分）组成，总里程约1051公里。上海城市轨道交通网调整规划后，大型换乘枢纽16座，其他2线换乘枢纽98座，其中中心城内大型换乘枢纽15座，2线换乘枢纽88座。远期轨道线网中心城内的网密度为0.83公里/平方公里，站密度为0.62个/平方公里。

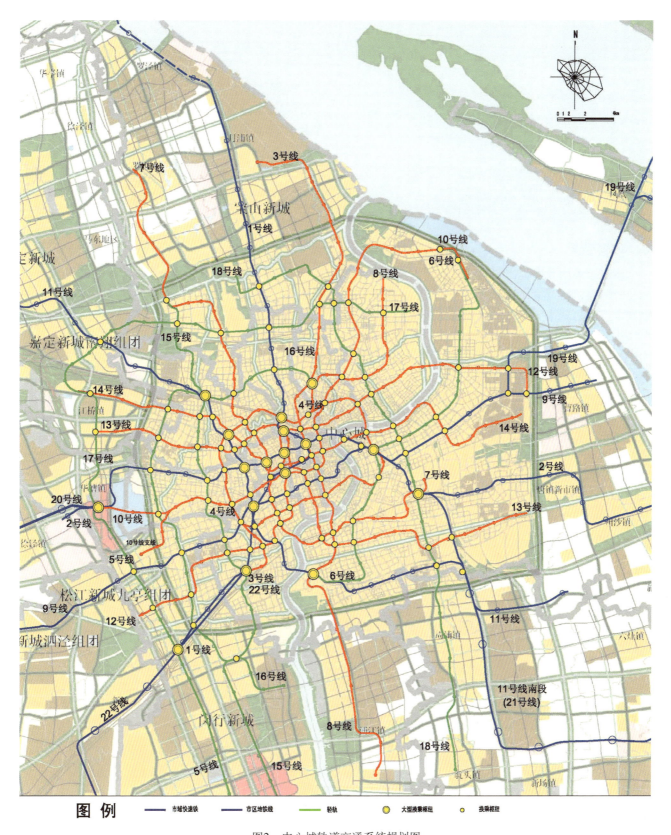

图2 中心城轨道交通系统规划图

南京城市轨道交通线网规划及调整

委托单位：南京市规划局
编制单位：南京市城市交通规划研究所
　　　　　日本中央复建工程咨询株式会社
　　　　　（CFK）
完成时间：2003年
获奖等级：第十一届江苏省优秀工程设计二等奖

项目背景

南京市委市政府提出要把南京建设成为一个充满经济活力、富有文化特色、人居环境优良的现代化城市。南京城市交通发展总体目标是建立与南京现代化城市发展目标和进程相适应的、高效率、一体化和人性化的城市综合交通体系。轨道交通将成为南京现代化大都市的新动脉。

2001年，编制完成新一轮《南京城市轨道交通线网规划》，列入了南京市委市政府国民经济和社会发展的2002年度奋斗目标。

规划编制

1. 规划内容

本规划对轨道线网规划的布局模式、需求预测、方案评价、换乘枢纽设计、重要设施布置、运营管理模式和组织以及公交一体化等作了全面系统的研究。

规划充分阐明了南京市轨道交通发展的必要性和不同时序的功能定位。

提出了按照世界水准的规模和方便性标准来规划建设南京轨道交通线网的规划理念。

根据世界大城市的经验，将轨道交通的功能定位成公共交通的主体，以此作为远期轨道线网规划编制的前提。

从联络性、轨道密度的角度提出了世界水准的线路网方案。

从方便性的观点出发，提出建设经济性与效益性相结合的轨道系统。

提出了以换乘站和站前广场为中心的公共交通一体化和TOD土地开发模式的概念方案。

2. 规划理念

线网规模要达到世界水平，支持南京成为一个具有竞争力的、充满活力和发展机遇的现代化大都市；服务水平要达到世界水准，为市民提供一种快捷、舒适、安全、高品质、有魅力的现代化出行方式。

3. 建设方针

以轨道交通支持南京城市总体规划目标的实现；建立以轨道交通为主体和一体化的城市综合交通体系；贯彻"一疏散三集中"的城市发展战略和"一城三区"城市建设重点；贯彻"公交优先"的城市交通发展战略。

4. 规划方案

调整后，南京都市发展区共13条轨道线路，总长度433公里。其中9条地铁线（含4条过江线），4条轻轨线。线网密度0.15公里/平方公里。

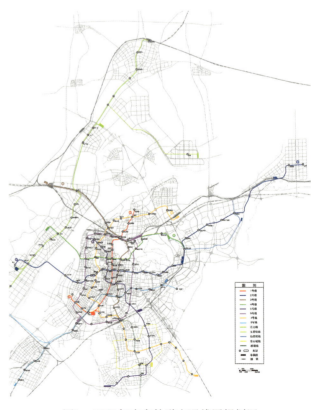

图1　2050年南京轨道交通线网规划图

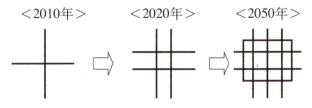

图2　规划轨道交通发展模式

南京主城区共8条地铁线路，总长度200公里。主城线网密度0.76公里/平方公里，其中老城区1.21公里/平方公里。

2050年轨道交通客流量为1052万人次，平均换乘率为0.43，轨道交通的平均客流强度达到2.52万人/公里，轨道交通的平均乘距为9.5公里（图1）。

2010年形成对应交通需求量的"十"字形。在主城内的东西南北主轴上配置轨道线路；并以轨道来引导东山、仙林新市区的开发。

2020年形成双十字格子形，构成2050年格网状线网的基本部分。在主城内提高轨道密度，并加强对外交通枢纽的连接，支持中心城市化的发展；在都市发展区的骨架上，优先在人口增长量较大的江北、仙西等地区配置轨道线路（图2）。

规划创新

在组织模式上，采取了中外合作的组织方式编制规划，并且聘请了技术监理顾问单位、顾问专家和商务代理，规划编制工作分初期、中期、最终报告三阶段进行，来自全国的30多位专家参加了历次评审会。编制工作组织严密、卓有成效，保证了项目的高水平、高起点。

充分借鉴国际城市发展的经验，引进了一些国际上先进的规划设计理念，提出的轨道交通发展促进城市开发（TOD）、公交一体化和无缝换乘（Seamless）、准地铁（Pre-metro）等概念方案和具体措施，具有很好的创新性和特色（图3）。

在编制方法上，规划中采用的通过轨道交通意向调查建立的轨道转移率模型在国内是首创，它对于轨道交通客流预测研究意义重大。另外，线网方案规划、方案评价所采用的方法先进，对国内其他城市的轨道交通规划具有很强的指导意义。

规划实施

本规划对今后几十年的南京轨道交通建设将起积极的指导作用。2004年规划经南京市人民政府正式批准实施。目前，南京城市轨道交通建设正按照线网规划进行，地铁一号线已经通车、二号线即将开工建设、一号线南延以及二号线西延过江都按照线网近期规划在开展之中。

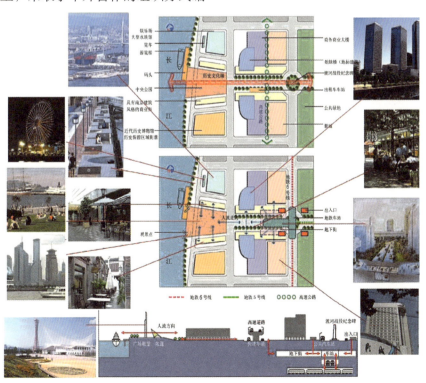

图3　TOD概念规划图——新城市观光开发型

沈阳市快速轨道交通线网

委托单位：沈阳市人民政府
编制单位：沈阳规划设计研究院
完成时间：1998年
获奖等级：1999年度全国优秀工程咨询成果三等奖

项目背景

1994年沈阳市结合城市交通规划编制了快速轨道交通线网规划，1998年根据城市总体规划的调整，对1994年快速轨道交通线网规划进行了修编，并于2000年与总体规划一并由国务院批复。

线网规模研究

沈阳市远景快速轨道交通线网规模按交通需求量计算，线网规模在151～211公里范围内，按线网服务覆盖面计算，线网规模为170公里。由此推荐远景快速轨道线网合理规模为151～211公里。

线网构架研究的基本思路

1. 整体分析（面的分析）

线网规划属城市宏观规划范畴，作好线网规划必须对城市进行宏观的分析研究，包括城市区位、城市规模、城市形态、城市土地利用、城市客流分析。

城市区位：沈阳市是辽宁中部城市群的中心城市，快速轨道交通要考虑向周边城市的连接。

城市规模：中心城区现状建设用地面积为216.2平方公里，现状人口为385.7万人；2010年规划建设用地面积为350平方公里，规划人口为430万人；远景规划建设用地面积为440平方公里，人口为460万人。

城市形态：总体规划确定的中心城区形态为一个核心区、四个副城、两个组团，为中心组团式布局。西部为张士副城，北部为道义组团和虎石台副城，南部为苏家屯副城和汪家组团，东部为辉山副城。根据城市形态，快速轨道交通线网应为放射状，增强核心区与周边副城组团的联系。

城市土地利用：根据总体规划确定的土地使用布局，核心区特别是一环以内地区应是快轨线网最密的区域，副城、组团与核心区的联系也需要快轨线的支持。

城市客流方向：现状主客流方向为东西向和南北向，2010年、远景年沈阳市主客流方向东西、南北向仍为主流向，同时各副城和组团向心客流会增强。线网的布设应和主客流方向一致。

2. 局部分析（点的分析）

在确定快轨基本形式及主要走向之后，具体布线时要考虑城市大型客流集散点、城市道路情况、快轨施工难易度等多种因素。尽量连接城市主要客流集散点，沈阳市大型客流集散点有太原街商业区、中街商业区、北站金融商贸区、沈阳北站、沈阳站，这些大点应作为线网必经点。

快轨线网的5个预选方案　　　　　　表1

	特征	方案一	方案二	方案三	方案四	方案五
全城区	线路数目（条）	5	5	4	5	5
	线网全长（公里）	177.2	192.4	159.4	186.4	182.5
	换乘节点（个）	14	15	10	1115	
	线网密度（公里/平方公里）	0.40	0.44	0.36	0.42	0.41
三环路以内	线网全长（公里）	129.0	145.9	115.6	136.4	138.9
	换乘节点（个）	14	15	10	11	15
	线网密度（公里/平方公里）	0.43	0.49	0.39	0.45	0.46
研究核心区	线网全长（公里）	60.2	64.6	42.5	45.4	66.6
	线网密度（公里/平方公里）	1.20	1.29	0.85	0.94	1.33

图1 沈阳市快速轨道交通线网规划图

线网方案及比选论证

在对快轨线网构架分析研究的基础上，经过归纳和总结，形成5个预选方案（表1）。

经过对线网结构、客运效果、实施情况战略发展及社会效益等的综合评价，推荐方案五为线网规划最终方案。

推荐线网主要技术指标

快速轨道交通线网推荐方案为环形加放射形，由东西两条线、南北两条线和一条环线组成，另外设置至丁香屯及浑南地区的两条支线，各副城和组团均有快速轨道交通相通。东西两条线在沈阳站形成换乘枢纽，南北两条线在沈阳北站形成换乘枢纽。

其中，1号线为东西线，线路长41.4公里；2号线为南北线，线路长25.1公里；3号线为东西线，线路长33.1公里；4号线为南北线，线路长48.4公里；5号线为环线，线路长34.5公里；线网总长度182.5公里。

规划线网换乘站15个；核心区线网密度为1.33公里/平方公里；中心城区线网密度为0.41公里/平方公里。

根据各条线路的长度和使用要求，整个线网共规划12处车场。整个线网设置四处联络线（图1）。

近期建设规划内容

规划近期建设地铁一号线一期工程和地铁二号线一期工程，线路全长49.6公里（图2）。

图2 沈阳市快速轨道交通近期建设规划图

长春市快速轨道交通线网规划

委托单位：长春市人民政府
编制单位：长春市城乡规划设计研究院
　　　　　北京市城市规划设计研究院
　　　　　北京市中城捷工程咨询公司
完成时间：2002年
获奖等级：2002年度吉林省优秀勘察设计一等奖

项目背景

长春市轨道交通线网规划研究是从1995年开始的，配合《长春市城市总体规划（1996－2020）》编制，曾确定了"一环三线"的基本框架。2000年以来，长春市经济迅猛发展，城市建设速度加快，用地、人口均已突破了总体规划的界限，城市交通矛盾呈现出新的特点，各区域之间的交通体系需要进一步梳理。随着长春市快速轨道一期工程的建设，对线路模式和标准有了新的认识和要求。完善、加深、修编原来的轨道交通线网，以适应长春

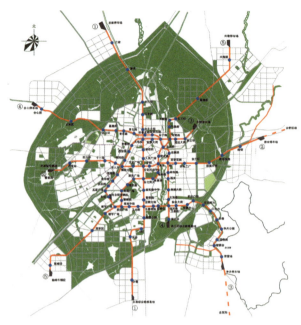

图2　长春快速轨道交通线网规划推荐方案图

图1　线网构架技术路线图

市经济跨越式发展的需要，并为后续工程建设提供有力的技术支撑，成为当前亟需完成的工作。

研究方法

研究确定了"多模块网络层次分析方法"，在线网构架分析中应用了分类、分层的系统性研究方法（图1）。

轨道交通需求规模

经过对长春市未来的客流特征以及所能提供的交通供给能力进行分析，在体现公交优先原则下，确定2010年公交方式出行比例和轨道交通方式占公交方式出行的比例分别为30%和20%～35%，而远景公交方式承担的居民出行量宜占城市居民出行总量的50%，轨道交通客运量宜占公交总客运量的50%～55%。以此计算近期轨道交通的日客运量为224.97万人次，远景轨道交通的日客运量为616.32万～735.9万人次。

快速轨道交通线网基本构架形态

综合考虑长春市的城市特点和多方面影响因

线网结构中各功能组成　　　　　　　　　　　　　　　　　　表1

序号	名称	功能	线路形态	备注
1	骨干线	构成线网基本骨架，决定线网的整体形态，其本身就构成一个初具规模、结构合理的线网，满足城市最主要客流的方向，预测客流规模最大，提高城市最重要地区的交通供给	放射线	穿越核心区
2	填充线	加密城市中心线网密度，提高快轨服务水平。加密城市中心换乘节点分布，加强城市中心交通供给	放射线、环线、半环线	放射线必须穿越城市核心区
3	外围发展线	联系中心城区与城市主体的其他部分。联系中心城区与外围组团	放射线	可利用线网内放射线延伸或衔接

素，快速轨道交通的线网构架应是放射线结构或者环形放射线结构；在线网形态上，受客流主方向影响，大多数换乘节点将分布在核心区附近；针对城市主体其他部分和外围组团，在城区边缘留有继续延伸发展余地。线网结构中各功能组成部分如表1所示。

线网规划方案

通过建立评价模型对四种备选方案的比较，最终提出由5条线组成（其中3条放射线、2条半环线）的推荐方案（图2）。线网总长：179公里，规划换乘站12处。研究核心区线网密度：1.10公里/平方公里，中心城区线网密度：0.36公里/平方公里。

修建次序

线网修建顺序应遵循如下原则：轨道网的分期建设规模应与区域交通需求相适应；轨道网的建设步骤与城市发展规划相结合，与土地开发、重点项目建设相协调，与人口和经济的发展速度相适应；线网实施规划必须有重点、有层次；先建立核心层，再向外延伸，循序发展（图3）。

项目成果评价

在本规划的指导下，快速轨道交通一、二期工程已通车试运营，三期工程已全面启动，2010年将建设完成，地铁1、2号线工程前期准备工作已经开展。这将极大地改善长春市的客运交通结构，为远期快速轨道交通网络的最终形成打下良好的基础，便捷城市居民出行，减少道路交通压力，改善生态环境，促进可持续发展，更好地为长春市的快速发展服务。

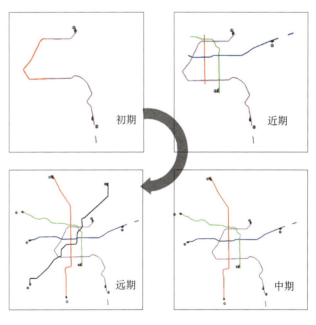

图3　长春市快速轨道交通推荐修建次序说明图

重庆市主城区轨道交通线网控制性详细规划

委托单位：重庆市规划局
　　　　　重庆市开发投资有限公司
编制单位：重庆市城市交通规划研究所
　　　　　重庆市规划信息服务中心
　　　　　重庆捷顺轨道交通技术有限公司
完成时间：2007年
获奖等级：2007年度重庆市优秀城市规划设计
　　　　　一等奖

项目背景

根据城市和交通发展的需求，《重庆市城市总体规划（2005—2020）》和《重庆市主城区综合交通规划（2002—2020）》确定了主城区轨道交通"九线一环"远景线网和"六线一环"基本线网格局。由于基本线网和远景线网规划只是确定了轨道线路的大致走向，并未完全落地，因此大部分的轨道线路无法纳入城市规划的用地和红线管理工作中。为落实公交优先政策，加强对轨道及相关设施的规划和管理，为未来城市轨道交通建设创造条件，给相关城市基础设施建设指引方向，尽早将宏观层面的轨道交通规划线网落到实处，纳入规划管理，是一项非常有必要的工作。

规划原则

以《重庆市城市总体规划（2005—2020）》和《重庆市主城区综合交通规划（2002—2020）》中确定的轨道线路为基础，以渝府（2004）24号批文要求为依据。

坚持可持续发展，充分体现"以人为本"、"保护生态环境"、"构建和谐社会"主题。

带动和引导城市发展，通过轨道车站的辐射，带动其周边土地的综合利用开发，促进城市的健康发展。

整合资源，以轨道交通车站为中心，合理整合各种交通资源，实现交通资源最优配置。

事实求是，结合重庆市具体条件进行规划，应具可操作性。

远、近结合，既要着眼于未来，又要立足现在。

规划目标

确定轨道线路中心线坐标、标高，划定轨道交通控制保护区，规划控制轨道车站、换乘设施、停车场、车辆段、控制中心、指挥中心等相关设施用地，将宏观层次的轨道交通线网落到实处，从而有效地指导规划管理，为城市轨道交通建设预留条件。

规划内容

1. 线网

规划轨道交通"六线一环"基本线网，线路总长363.5公里，其中地下线长度为169.6公里，高架线（含地面线）长度为193.9公里。远景"九线一环"线网线路总长513公里，其中地下线长度为220.9公里，高架线（含地面线）长度为292.1公里。主城区轨道交通基本线网密度为0.46公里/平方公里；远景线网密度为0.65公里/平方公里。

2. 车站

"六线一环"基本线网共设204座车站，其中高架车站(含地面车站)113座，地下车站91座；枢纽站80座，一般站124座。"九线一环"远景线网共设570座车站，其中高架车站(含地面车站)152座，地下车站118座；枢纽站108座，一般站162座。

3. 换乘设施用地

轨道交通换乘设施用地分为车站换乘设施用地和交通换乘枢纽用地。"六线一环"基本线网共有111座车站落实了换乘设施用地，其中车站换乘设施用地总面积为57.31公顷，交通换乘枢纽用地为105.77公顷；"九线一环"远景线网共有163座车站落实了换乘设施用地，其中车站换乘设施用地总面积为88.94公顷，交通换乘枢纽用地为136.72公顷。

4. 生产设施用地

轨道交通生产设施用地主要包括停车场、车辆段、车辆厂、培训中心、控制中心、网络指挥中心、主变电站等。"九线一环"远景线网规划控制停车场14座，总面积318.74公顷；车辆段9座，总面积259.05公顷；车辆厂1座，总面积77.8公顷；培训中心1座，总面积7.44公顷。共设控制中心10座，指挥中心1座。

规划特色

引入了"轨道交通规划编制用地控规"的理念，将宏观层面的轨道线路、车站及相关设施用地落实到了控规深度，并整合到了"规划管理一张图"中（图1）。

体现了以轨道交通车站为中心，整合各种交通资源，构建综合交通换乘枢纽，实现"无缝换乘"、"零换乘"的规划理念。为轨道交通综合利用开发创造了条件，为TOD模式提供了良好的平台。

规划实施

按照本规划，轨道交通二号线二期顺利通车，轨道交通三号线一期工程二塘至龙头寺段全面开工建设，部分节点如江北机场、火车北站、观音桥步行街等已建成完工，渝澳大桥旁的轨道专线桥、华新街至观音桥的地下隧道，以及与轨道一号线在两路口的换乘站也已施工建设。

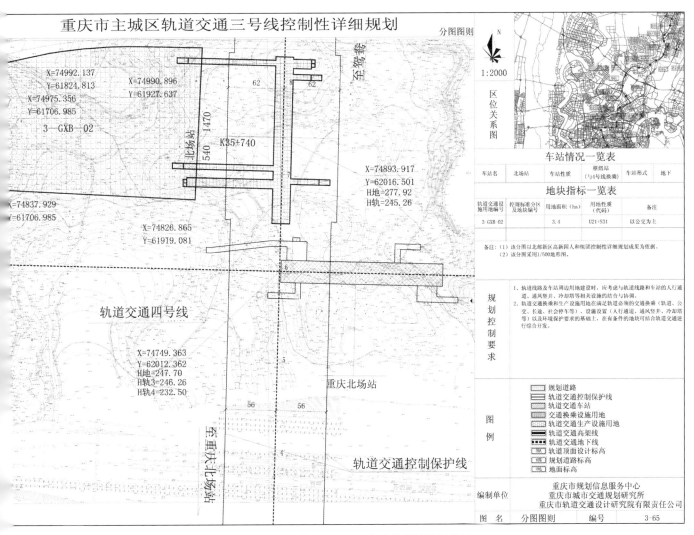

图1　重庆市主城区轨道交通三号线车站控制性详细规划

深圳市地铁二期工程综合规划策略研究

——1、2、3、4、5号线土地利用评估

委托单位：深圳市规划与国土资源局
编制单位：深圳市城市规划设计研究院
完成时间：2002年
获奖等级：2003年建设部优秀规划设计二等奖

项目背景

深圳市地铁一期工程从选线到施工均是由地铁公司全面承揽，在建设过程中，产生了关于轨道选线与土地利用结合的合理性方面的争议。为了加强二期工程线/站位选择的科学性，协调优化深圳市的土地利用和轨道交通，确保城市客运轨道网络的整体性和轨道建设的连续性，深圳市规划与国土资源局决定在地铁二期工程可行性研究之前增加预可行性研究步骤。

项目特点

1. 具针对性的、适时调整的项目策划过程

通过与委托方反复进行深层次的交流与沟通，

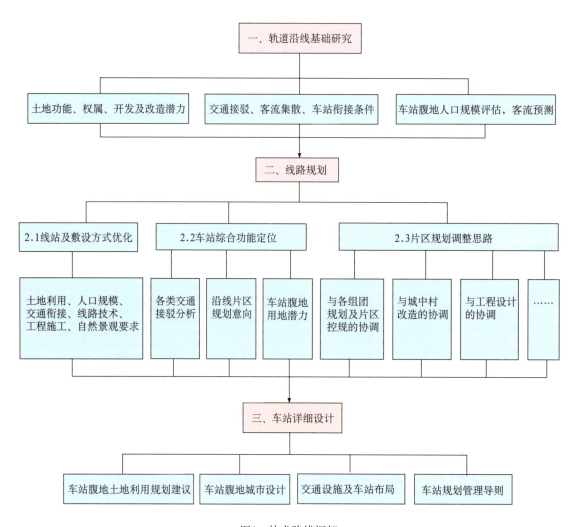

图1　技术路线框架

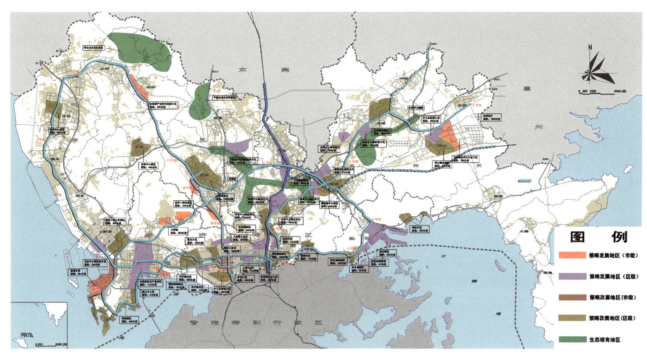

图2 线路与近期城市重点发展关系图

逐步明确任务目的、范围以及可能采取的研究方法，并在研究工作过程中适时调整。在技术上采取车站基础研究、线路总体研究和车站详细设计三个层次的技术路线（图1）。

基础研究通过对车站500米腹地范围的土地、人口、交通条件的深入研究，推断车站用地及人口潜力，评估车站规模。

线路总体研究主要解决"线站位及敷设方式检讨与优化、车站功能定位、片区规划调整建议"三方面问题。

车站详细设计主要对车站腹地内各种设施的空间综合布局和交通组织模式进行详细规划，并就车站腹地内土地利用提出调整建议，为下阶段车站工程设计提供依据，并为相关专项规划管理提供技术支持。

2. 国际经验借鉴与深圳市本地实践经验的实质性有机结合

在轨道站位区开发强度对比研究中，本项目综合比较分析了数十个亚洲和欧洲的开发实例，从中归纳出基本的共性特征，并选取与中国实际相接近的实例作为参照。另外选取的重要理念是轨道沿线"珠链式"的土地开发模式，该模式是实现土地利用与轨道交通运营良性互动的理想模式,这一模式以平衡城市开发量为前提，实现车站核心区内高强度综合开发及核心区外良好的生态环境。

在分析相关案例与理念借鉴的基础上，对深圳市数十个已经编制法定图则的地区的开发强度进行深入分析，提出比较符合深圳实际的轨道站位区开发强度设想，使轨道选线评估结果具有较高的可信度。

3. 根据项目需求，适时提供新的软件和数据支持

开展了轨道交通与土地利用之间相互影响因子的选择判定与评估应用、大运量城市客运交通沿线土地集约开发模式的研究、定性分析与定量分析相结合的研究、GIS和AutoCAD集成技术在规划研究中的应用，引进新的技术确保项目质量的提高。

4. 轨道交通建设是实现土地功能重组与优化空间结构的契机

轨道交通是实现长远的社会经济效益，必须和城市总体格局及发展步骤紧密结合并促进城市土地的合理利用，一方面，轨道网络的布局和选线尽可能穿过城市的策略增长地区和策略改善地区，促进这些地区的发展和改造；另一方面，由于轨道网络的建成将对城市居民生活和出行产生

深远的影响，因此沿线土地的性质结构、空间布局和密度分区等方面必须作出相应的调整，以轨道建设为契机，实现土地功能的重组及空间结构的优化（图2～图4）。

5."珠链式"开发理念在成果中的运用

借鉴轨道沿线"珠链式"开发理念，具体策略主要体现城市建设开发围绕地铁站点展开，通过对各站点500米服务半径内城市用地的综合开发，使地铁站点附近成为高度集中的城市活动中心和空间节点，周边土地开发强度随着用地与地铁车站距离的增加而梯度递减。例如，站点200米服务半径内为高强度开发区，200～500米服务半径内为中高强度开发区，500米服务半径以外及公共绿地，形成"珠链式"的土地开发模式（图5）。

6. 研究成果作为工程设计与相关规划编制的重要参考依据

研究报告提出的选线、选站评估结论为工程设计提供了价值参考依据。报告中的站点布置与相关规划调整建议，有效地指导了轨道沿线相关片区法定图则编制与相关规划调整（图6）。

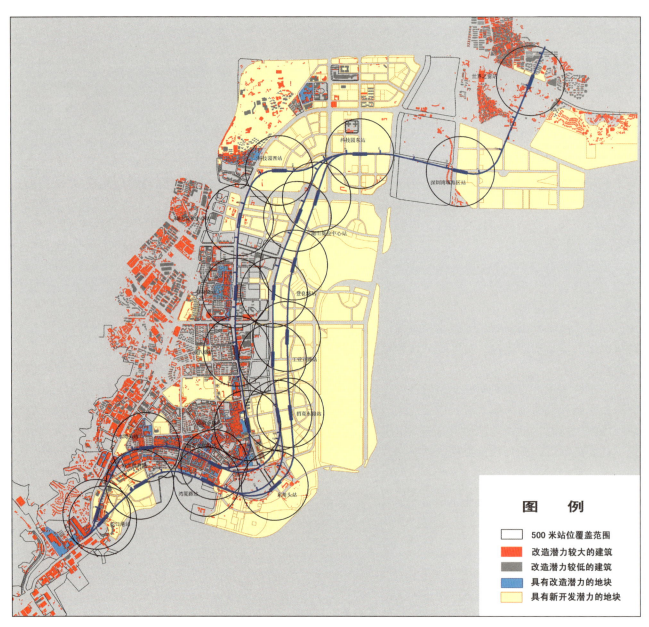

图3　轨道沿线开发潜力分析（以2号线为例）

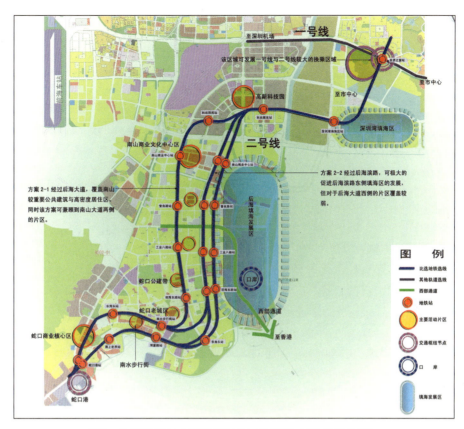

图4 轨道沿线与土利用规划关系分析图(以2号线为例)

图5 轨道沿线立面空间布局示意

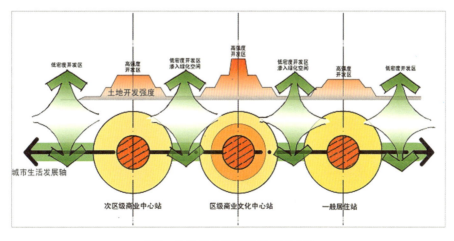

图6 轨道沿线平面空间布局示意

西安市城市快速轨道交通用地控制性规划

委托单位：西安地铁前期准备工作领导小组办公室
编制单位：西安市城市规划设计研究院
完成时间：2005年
获奖情况：2007年度陕西省城乡规划设计二等奖

规划背景

随着西安城市规模的不断扩大，特别是第四次总体规划中提出的城市发展目标，大容量城市快速轨道交通已经纳入到近期建设的日程。2004年底完成了《西安市快速轨道交通线网规划》的编制工作，明确了地铁一号线、二号线的近期建设目标，为充分预留轨道交通建设用地，发挥轨道交通对城市布局结构、土地利用的引导作用，促进城市健康有序发展，需要对轨道交通设施用地进行严格控制，明确轨道交通两侧可开发用地。

规划目的

明确轨道交通线路、站场位置，确定轨道交通线网的建设用地、交通设施用地及可储备用地的规模；引导并协调城市建设，促进城市布局结构的形成，拉大城市骨架；为早日纳入城市规划管理范围，综合考虑建设时序，减少不必要的经济损失；对轨道交通沿线、尤其是以车站为核心的高容量开发土地实施有效控制，为轨道交通筹措必要的建设资金，确保对土地资源的充分利用，保证城市建设健康有序。

图1 城市快速轨道交通线网规划

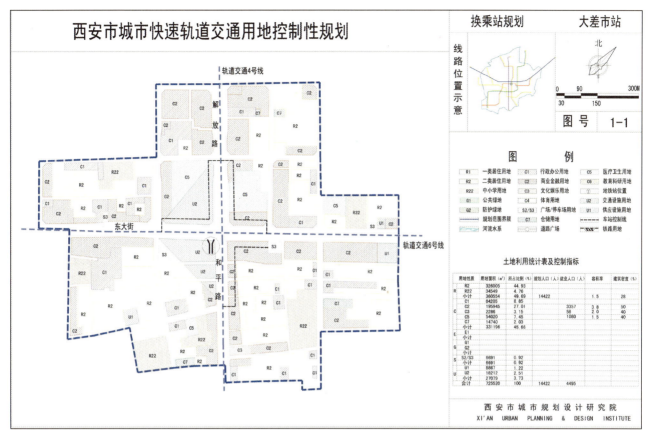

图2　换乘站规划

规划原则

规划遵循的原则包括：整体协调原则，可持续发展原则，分期土地利用原则，疏解旧城功能原则，与周围环境和景观相协调原则，充分体现历史文化名城保护原则。

规划内容

规划的主要内容包括：轨道交通线网设施（包括车辆综合基地、停车场、枢纽站、联络线和控制中心等）的用地控制规划和轨道交通一、二号线沿线及站点用地控制性规划。

线网用地控制性规划

1. 线路

线网布局采取"棋盘加放射线"形式，整个线网方案由6条主线和1条支线组成（图1）。

轨道交通线路和车站建设范围分为严控区和影响区两级。

严控区为轨道交通线路（正线及辅助线）和车站建设范围：地下线宽度为线路中心线两侧各25米的带状控制区，困难地段可缩减至线路中心线两侧各20米，必须严格控制建筑外挑；地面线和高架线宽度为线路中心线两侧各30米的带状控制区，困难地段可缩减至线路中心线两侧各25米，必须严格控制建筑外挑。

影响区为车站及部分区间的附属设施建设可能的影响范围，中心区为严控区外两侧各30米。需要结合轨道交通车站进行地上、地下空间综合开发的区域，应进行专题研究。

2. 车站

整个线网设置车站150座，其中地下站89座，地上站61座。换乘枢纽站为两条或多条轨道交通交会处，6条规划交通线网共有17处交织点，设置16个换乘枢纽站，布局合理均匀，与其他交通方式（公交、出租等）的接驳换乘便捷。

为配合车站的建设，将一般区段车站所在道路交叉口两个方向各300米范围作为严格控制区，控制宽度为道路红线向外30米（图2）。

图3　车辆基地规划

3. 联络线

整个线网设置5处联络线，用地控制范围是道路红线外侧半径为200～250米的四分之一圆弧。位置应选择在现状没有建筑或目前仅为2、3层建筑，并尽可能与城市绿化广场有效衔接，节约城市土地资源。

4. 车辆段、停车场

车辆段为车辆停放及日常保养功能、车辆检修功能、列车救援功能。停车场为车辆停放及日常保养功能。共设置车辆段10处，停车场4处（图3）。

5. 控制中心

共设置两处控制中心，一处为张家堡控制中心，位于张家堡广场西南角，占地15亩；另一处是曲江控制中心，位于雁塔南路东侧，南绕城以北，占地4公顷。

轨道交通一、二号线用地控制性规划

西安地铁近期建设紧紧围绕一、二号线，形成"十"字形轨道交通主骨架，建设轨道交通一号线市区段（后围寨—纺织城）25.5公里，建设轨道交通二号线市区段（北客站—韦曲）26.4公里。

本次规划将轨道交通沿线两侧300～1100米和站点周边300～800米范围内，对用地进行调整整合，形成各具特色的开发带。

一号线沿线可开发用地256.4公顷；二号线沿线可开发用地448.08公顷（图4、图5）。

图4 一号线用地规划图

图5 二号线用地规划图

笋岗路通道大容量快速公交详细规划

委托单位：深圳市规划局
编制单位：深圳市城市交通规划研究中心
完成时间：2006年
获奖等级：2007年广东省城乡规划设计二等奖

项目概况

笋岗路通道大容量快速公交（BRT）线路包括主线和支线。主线西起西丽，途经茶光路、龙珠大道、深云路、侨香路、莲花路、笋岗路、人民公园路，到老街，全长23.1公里；支线为香梅路至深南大道段，长1.5公里。全线设首末站4个，停靠站28对，综合车场1个（图1）。

规划方案

1. 主要技术指标

（1）BRT车道设在道路中央，双向2车道，主要停靠站设超车道。
（2）准点率：大于90%。
（3）运营速度：大于20.0公里/小时。
（4）车辆：左侧开门，欧Ⅲ排放标准。

2. 客流预测分析

规划客流量预测采用四阶段法，预测2015年客运量可达17.9万人次/日；高峰小时各站点平均上客量为410人，最大上客量为1100人。

3. 运营组织管理

笋岗路通道BRT快速公交系统线路采用组合线路。组合线路指在同一通道布置具有不同服务等级及服务范围的多条公交线路，包括普线、大站快线和支线三种类型。根据笋岗路通道BRT客流需求情况，运营线路采用长短线组合，快慢车套跑的运营组织方式。

长线（快线）：从老街站到西丽，线路总长23.1公里。

短线（支线，普线）1：从老街站到香蜜湖，线路总长11.2公里。

短线（支线，普线）2：从老香蜜湖站到西丽，线路总长14.6公里。

采用电子票证、站外自动售、检票，水平登降，智能化调度管理、向乘客提供实时信息服务等"地铁式"的服务。同时，为保障BRT车辆快速运行，兼顾其他交通的效率，在相交道路为次要道路、流量小的路口对BRT车辆实行信号优先控制。

4. 与其他交通方式的衔接

本线路与轨道1、2、3、4、5号线良好衔接；与BRT 2、3号线衔接为同站台、零距离换乘。每个BRT停靠站附近均设置常规公交停靠站和自行车停车场。

5. 站台形式与乘客过街

全线设有28个停靠站，平均站间距825米，站点设置位置有路口和路段两种，布置方式有侧式或岛式。站台分付费区和非付费区，非付费区布置有自动售票机、自动检验票机和工作间等设施（图2）。

乘客过街方式分立体或平面信号两种，全线

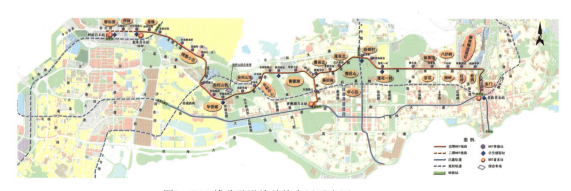

图1　BRT线路及设施总体布局示意图

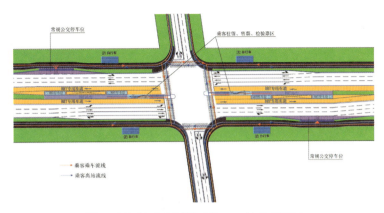

图2　BRT站点布置图（1）——站点在路口

设立体过街15处，平面信号过街13处。立体过街设置自动扶梯，并设置垂直电梯方便残疾人士使用（图3）。

6. 首末站和综合车场方案

全线设4个首末站，分别为西丽、老街、香蜜湖和龙珠。首末站由站台、管理生活用房与停车坪等设施组成，根据具体的用地情况，编制了各个首末站的详细布置及交通组织方案。以老街首末站为例，该首末站同时也是一个综合换乘站，与地铁1、3号线及常规公交综合换乘，占地约5 000平方米，设计收发2条BRT线路。平面布置有调度室、司机休息室、站台、售检票设备、车辆检修位、停车位等设施。为了实现BRT与地铁和常规公交无缝接驳，设有地下通道与地铁站售票厅和常规公交首末站直接连通。综合车场位于安托山，广深高速公路东北侧，占地约3万平方米，布置综合楼、机修间、加油站、洗车台等设施和124个停车位。

7. 交通组织设计及道路改造

（1）优化沿线交通组织。香梅路以西路口拓宽，重新渠化，增加社会交通车道数；香梅路以东路口车道重新分配，取消常规公交专用道，设BRT公交专用道。

（2）完善人行系统。BRT停靠站设在路口时，设置行人二次过街设施，以提高路口的通行能力与乘客过街的安全性；同时，在站点周边500米范围内，设置完善的人行指引系统。

（3）完善周边道路系统。为尽可能减少对社会交通的影响，规划提出了完善沿线周边道路系统方案，如打通红桂—晒布通道等，分流笋岗路交通。

8. 实施效果预测

预测项目实施将产生良好的交通效益和社会效益。

首先，落实了国家"优先发展城市公共交通"的政策，推进了我市公交优先策略。

其次，形成轨道+BRT公交骨干网络，完善了大中运量公交格局。

第三，改善公交运行条件，节约乘客出行时间，提高公交运能和公交服务品质，运能增加约100%，BRT车速可达22.5～25公里/小时，BRT准点率大于90%。

第四，可替代部分小汽车的出行，减少道路交通流量，降低交通尾气排放量并节省能源。

第五，满足沿线土地开发新增交通需求，并促进沿线土地集约开发。

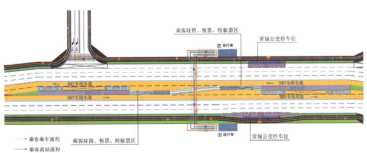

图3　BRT站点布置图（2）——站点在路段

北京市智能交通系统（ITS）规划与示范研究

委托单位：北京市科学技术委员会
编制单位：北京交通发展研究中心
　　　　　北京市公安局公安交通管理局交通科研所
　　　　　国家智能交通系统工程技术研究中心
　　　　　北京工业大学
　　　　　北京市公共交通研究所
　　　　　北京交通大学
完成时间：2005年
获奖等级：2006年度北京市科技进步二等奖

项目背景

北京市虽然已初步建立了一些智能交通应用子系统，并发挥着积极作用，但距离完全发挥系统功能依然存在较大差距。主要表现在：缺乏总体规划和框架指导，多系统联动的综合效益没有充分发挥；缺少对北京特定环境下的交通流特性等基础性问题的研究，无法解决国外先进系统在北京"水土不服"的问题；缺乏针对北京市需求的应用系统自主研发，制约ITS应用和产业化发展。

本项目是北京市科委于2001年9月设立的重大研究专项，旨在以科研为先导，理论与实际应用相结合，解决北京市ITS发展中存在的问题，促进ITS建设、使用和可持续发展，以提高交通基础设施使用效率为手段，缓解日益严峻的交通压力。

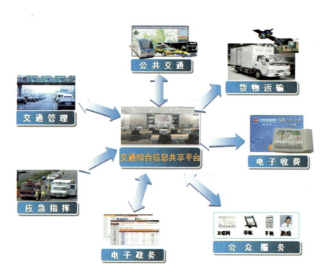

图1　北京市智能交通发展规划

总体思路

1. 规划先行，以总体规划为指导

在宏观层面对北京市ITS发展趋势进行战略分析和整体把握，通过研究借鉴国外ITS发展较快国家的经验和模式，给出北京市ITS发展和建设的总体规划和实施策略。

2. 以关键技术研究为支撑

一方面，研究适应ITS技术应用的交通网络环境，即对北京的交通网络的功能进行整合研究，使交通网的功能、结构和布局方面有利于ITS技术的应用。另一方面，针对北京市特有的交通特性，以及智能交通系统中所需要的特征参数进行基础性研究。解决目前国际上通用设备无法适应北京交通环境特征的问题，保证ITS的实施效果。

3. 强调实用，以示范工程为依托

在ITS规划和交通基础特性研究的基础上，选择交通管理、公共交通、综合信息平台三个重点领域建立示范工程。

北京市ITS规划与总体设计

北京市ITS规划与总体设计的目的在于明晰北京地区ITS发展的总体框架结构，以及各组成部分之间的联系，确定ITS项目优先排序，从而保证北京地区ITS的规范和协调发展，并为该地区今后的ITS建设提供依据。

通过在宏观层面对北京市ITS发展趋势进行战略分析和整体把握，给出了北京市ITS发展和建设的总体规划和实施策略，确立了"一个共享平台、七大应用系统"的近期ITS发展规划，同时明确了11个重点建设项目，2006年6月得到市政府批准，现已分步骤实施（图1）。

应用基础与关键技术研发

对我国大城市具有混合交通特性的道路交通流特征参数、路网功能诊断方法和技术、混合交通流信号交叉口优化仿真等ITS实施的基础以及若干重大关键技术进行了攻关研究，为北京市ITS建设提供了理论基础和技术支持。

1. 北京市路网功能层次划分及功能整合技术研究。创建了用于检验和评价道路网运行功能状况的"车流行程构成分析"的理论和实用方法，并建立了城市路网功能结构评价的指标体系；建立了GPS/GIS数据融合算法，并开发了相应软件。

2. 交通流特征参数研究。建立了北京市快速路及主干路的交通参数模型，并建立了以概率型指标——"畅通可靠度"为主要评价指标的动态交通状态评价体系，并提出道路畅通程度的量化标准，给出了单元及系统的"畅通可靠度"算法，为快速检测道路系统实时运行状态提供了有效手段。

3. 交通流参数检测技术研发。利用动态高精度GPS测量技术和视频分析技术，集成开发了交通流数据的采集工具——Track软件，全面、系统地研究信号交叉口区域内自行车、行人交通流特性，填补了国内在此研究领域的一项技术空白（图2、图3）。

4. 信号交叉口仿真优化设计系统研究。开发了集机动车、自行车、行人为一体的信号交叉口混合交通仿真优化设计系统，并实现了微观交通仿真模型和优化设计专家系统的集成，并用于指导示范工程建设，为交通管理提供了科学、高效的分析工具（图4）。

应用系统与示范工程

在总体规划指导下，建立了北京市急需的7个ITS典型应用子系统，实施了示范工程，促进了多领域的智能交通体系的进一步形成。

图3　Track数据处理界面

1. 快速路控制系统研究与示范

在对具有主辅路交通流互动特性的城市快速路车流运动规律研究的基础上，提出了适合我国城市快速路交通特征的总体控制策略，并建立了实用的快速路出入口信号控制和车道灯信号控制系统；进行了面向快速路突发事件应急处理的管理控制方案研究；首次提出快速路出口控制的控制策略，并进行试验验证。积累了非常有益的经验。

2. 城市道路智能交通信号控制系统研究与示范

针对北京市交通信号控制系统的实际特点和情况，对智能交通信号控制系统总体方案、标准规范、评价体系进行了研究，并开展了示范工程建设。所提出的适合北京市城市道路交通情况和区域的交通控制策略和控制方式，为城市信号控制系统的合理方案的选择提供依据，示范工程为北京市城市道路智能信号控制系统建设和改进提供了实际参考。

3. 交通流实时动态信息采集、处理/分析、发布系统研究与示范

在现有道路静态交通信息基础上，提出了适合北京市现状和需求特点的北京市交通流实时动态信息采集、处理分析、发布系统的体系框架、异构信息集成手段、集成系统的接口标准、交通信息发布内容、发布方式、交通信息发布平台等系统建设实施的关键技术，建立了城市道路信息采集、处理/分析、发布示范系统，实现了实时交通信息的对内显示和对外发布，为交通管理提供了科学的依据（图5）。

图2　GPS车辆行驶记录仪外观

图4 信号交叉口优化仿真系统

4. 公共电汽车区域运营组织与调度系统示范

公共电汽车区域运营组织与调度变单条线路（车队）为多条线路（车队）于一个实体，通过区域调度中心的集中调度和管理，实现人力、运力资源在更大范围内的动态优化配置。以石景山地区的老古城、衙门口的11条线路为示范系统，建成了区域运营调度系统，实现了人力、运力资源在更大范围内的动态优化配置，降低了公交运营成本，提高了调度应变能力和乘客服务水平。

5. 动物园公共汽车枢纽站运营调度管理与乘客信息服务系统示范

研究建立了一套全新的公共汽车枢纽场站管理模式和一种多班次多车队车辆集中调度的调度模式；开发研制了枢纽场站使用优化系统、运营调度系统软件，利用车辆自动识别、数字电视监控、电子显示等技术，基于枢纽站运营调度网络平台，实

图5 北京交通路况信息系统

图6 北京市公共交通枢纽站智能调度与信息服务系统

现了枢纽站内运营车辆的实时优化调度，使动物园公交枢纽成为国内公共交通行业第一个拥有智能调度系统的大型综合性枢纽站（图6）。

6. 公共交通车辆救援调度系统示范

公共交通车辆抢修调度系统集中应用GPS车辆定位、计算机网络、通信、计算机电信集成、大型数据库技术、地理信息管理等技术，改变原救援系统多层管理、手工作业的低水平工作方式，实现了车辆抢修救援的集中调度、就近救援，极大提高了救援的效率，整合了车辆救援的资源。

7. 交通综合信息平台与服务系统研究

北京市交通综合信息平台是适应北京市ITS建设和发展的需要而提出的，是北京市综合交通运输系统信息的收集、处理、加工和发布的基础平台，通过交通综合信息平台示范工程的建设，全市交通运输信息资源将得到初步整合，进而推动交通运输系统整体运行效率提高，为规划、管理决策提供科学依据，达到缓解交通拥堵的目的（图7）。

实施效果

该项目成果的实施，使得智能交通系统的整体综合效益得到充分显现，推动了北京市交通从粗放型向集约型、从外延式向内涵式的新型发展道路迈进。课题成果已陆续应用于北京市的智能交通系统建设，为北京市智能交通系统建设的全面启动和有序发展奠定了坚实的基础。

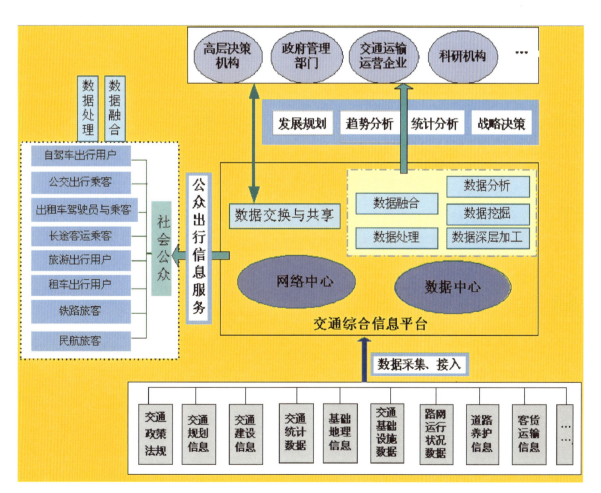

图7 北京市交通综合信息平台的总体结构示意图

南京市公交场站总体规划

委托单位：南京市规划局
编制单位：南京市规划局
　　　　　南京市城市交通规划研究所
完成时间：2007年
获奖等级：2008年江苏省城乡建设系统优秀
　　　　　勘察设计二等奖

项目背景

近年来，南京市高度重视公共交通的发展，并把公交优先作为城市交通发展的重要战略任务，大力推进公交建设，城市公交发展十分迅速。但也存在薄弱环节，其中作为公共交通基础设施的公交场站的发展明显滞后，已经成为影响公交系统健康发展的重要制约因素。为了指导今后公交场站的规划建设工作，加强场站设施用地控制，促进公交系统全面协调发展，开展了南京市公交场站总体规划的编制工作。

规划编制

1. 规划年限和范围

规划以远期2020年为目标年，以南京市的11个区为研究范围。

2. 规划原则与思路

规划坚持一体化、可操作性、继承性的原则。在规划过程中充分考虑将站点与周边用地、建筑结合，统一规划建设。同时强调公交场站用地的控制，力求规划切实可行。

3. 规划主要内容

（1）公交场站规模需求分析

规划研究提出了一套符合南京市实际情况的公交场站规模标准：公交停车保养场的规模标准为140～160平方米/标准车；公交首末站（含公交枢纽站）的规模标准为90～120平方米/标准车。预测2020年南京市公交车保有量约为9150～9750标台，停车保养场的需求总规模约为128～149公顷、公交首末站约为95～120公顷。

（2）公交停车保养场布局规划

模式研究：公交停车保养场采取"集中式停保场为主，辅以停车场"的模式。

布局思路：①停车保养场的布置尽量满足方便公交车辆停车保养、提高其服务效率的要求，采取集中式布置为主；同时辅以规模较小的停车场来减少车辆保养空驶里程。②停车保养场的形式应因地制宜，采取多样化的模式。主城尽量在城郊结合部规划布置新场，外围各地区采用停保场和停车场相互配合补充的模式。③停车保养场的规模较大，应该考虑立体化建设，以集约土地。

布局规划：规划公交停车保养场28个，总用地规模122公顷（图1）。

（3）公交枢纽站布局规划

模式研究：提出"三大类、七小类"的公交枢纽站布局模式，将公交枢纽站分为对外交通枢纽、轨道换乘枢纽和其他公交枢纽三大类。

布局思路：①对外交通设施、重要轨道交通换乘站点、主城边缘、区域中心、副中心、商业中心、文

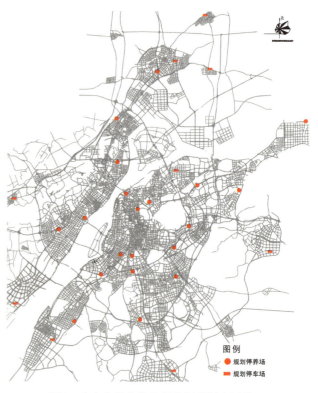

图1　南京市公交停车保养场规划布局总图

图2 南京市公交枢纽站规划布局总图

娱中心、旅游中心等及外围村镇中心等换乘客流量大或客流集散点处需要布置公交枢纽站。②对外交通设施、轨道换乘站点的位置较为固定,枢纽必须设置在这些设施旁;而其他枢纽的位置相对有一定的弹性,可在合适的范围内适当调整。③枢纽站多处于人流密集且用地紧张的地点,应尽量与周边建筑联合开发,以节约土地,同时为周边设施提供方便的公交服务。

布局规划:规划公交枢纽站87个,总规模约45公顷(图2)。

(4)公交首末站布局规划

布局思路:①首末站一般在人口、岗位相对较为集中的居住区、商业区、行政办公区、大型工业园区、文教区附近配套布置。为提高公交服务范围,在一些人口相对较低的偏远片区、部分特殊地区如风景区等也应布置一定数量和规模的首末站。②在主城等用地紧张的地区设置用地相对较小的末站、在主城外围用地相对充裕的地区设置用地相对较大的首站。③老城区首末站的规划建设可采用联合开发的形式,以节约土地。④首末站位置的选择相对具有较大弹性,在首末站服务区域及半径满足需求的前提下,规划尽量沿用地区控制性详细规划中规划的公交设施。

布局规划:规划公交首末站205个(不含外围乡镇),总规模约77公顷(图3)。

(5)公交场站控地规划

对规划的320个公交场站均逐一做到了控地规划的深度(图4)。

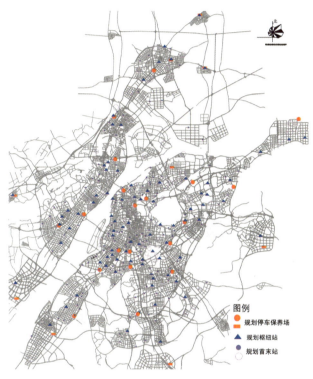

图3 南京市公交首末站规划布局总图

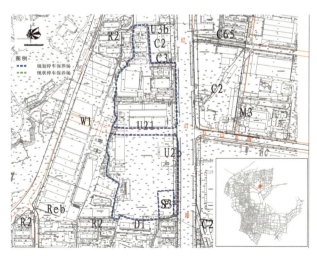

图4 公交场站控地规划图

厦门市城市公共交通近期改善规划

委托单位：厦门市人民政府城市管理办公室
　　　　　厦门市市政园林局
编制单位：中国城市规划设计研究院
　　　　　厦门市城市规划设计研究院
完成时间：2004年
获奖等级：2005年度建设部优秀规划设计
　　　　　三等奖

规划背景

近年来，在厦门市政府大力扶持下，厦门市公交运营市场逐步实现多元化，有力地推动了公交的发展。公交线路条数迅猛增加至176条，公交车辆达到2218辆，市区日公交客运总量达125万人次。但由于缺乏规划的调控，公交发展呈现盲目态势，必须依托规划加强政府对公交线路网布局的宏观调控职能。

公交系统现状分析

厦门市公交系统存在的问题突出表现在线路网布局结构不合理上：出入岛线路与岛内线路网相重叠；线路网布局过度依赖火车站、轮渡枢纽，两枢纽客流集散异常拥挤；中巴在主要客运走廊与联系方向上与大公交存在重合；线路网重复率过高，部分线路向客流走廊绕行的现象严重。

现状公交场站建设滞后于公交运力增长，并成为近期公交线路网发展的瓶颈。突出表现在：公交枢纽用地不足和布局失衡；对外交通枢纽的公交接驳显得不足；公建集中区域及大型住宅区的公交首末站（枢纽）配置不够；场站用地属性不合理；场站使用上的部门分割。

近期公交线路网发展目标与策略

面对近期公交发展需求，需要着手系统内部功能结构和运行管理的改善，建立层次分明的公交线路网结构，以此促进岛内外发展一体化，并塑造有序竞争的公交秩序。在公交线路网层次结构中，将突出体现骨干线路的"快速"、"高效"及运力分配的"均衡"。

近期公交线路网发展策略主要包括：加强换乘枢纽建设，合理调整公交运力分配；线路整合与发展并举，建立合理的公交线网层次结构；大公共与中巴合理分工，优化公交方式结构；完善公交优先措施，优化公交发展环境。

近期公交线路网发展方案

近期公交线路网的总体布局模式为：岛内线路网、岛外线路网保持相对独立，并通过出入岛线路网相衔接，从而形成完整、统一、连续的城市公共交通网络和设施体系。

1. 出入岛线路网发展方案

出入岛线路网突出沟通岛内、岛外主要枢纽、主要换乘点的作用，强化岛内外出行换乘功能，追求出入岛通道上运输效益的提高。① 出入岛线路分为本岛与东海域快线、本岛与西海域快线、本岛与西北部发展区间快线，郊区线路不宜进岛；② 增添、完善SM商业城、会展中心、机场等枢纽，形成完善的市级枢纽系统；③ 分散现状集中的嘉禾路—厦禾路客运通道，有效规范出入岛通道，加强枢纽及中途换乘站的培育；④ 提高出入岛线路服务水平，开行快速运输线路，有效缩短岛内外组团间及关键枢纽间公交出行时耗；⑤ 有的

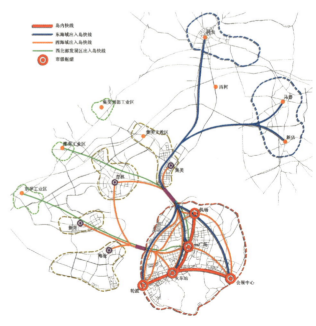

图1　近期出入岛线路网发展模式

放矢地截流不必要的线路进岛，鼓励线路合并，促成依据客流量合理分段布局线路（图1）。

2. 岛外线路网发展方案

近期应促使岛外公交步入规范发展的轨道：①岛外线路包括组团间联系线路、郊区线路、西北部发展区联系线路、组团内线路等，是近期线路鼓励发展的重要方向；②促进岛外各组团中心枢纽发育并成长，尤其是集美中心枢纽的培育；③注重与出入岛线路间的分工，摆脱现状出入岛线路替代部分岛外线路的局面。

3. 岛内线路网发展方案

完善岛内公交线路网络，形成岛内线路与出入岛线路清晰的功能划分和有效的接驳系统。

完善公交枢纽系统，新建SM商业城、和平码头、火车南站、西林、梧村汽车站等枢纽，加强中心区外围枢纽对江头、莲前西路地区的支线线路组织作用（图2）。

摆脱进出中心区、重要枢纽的通道运力增长约束及主要客运走廊公交运力发展约束，主要的对策包括：① 提高主要公交客运走廊及主要客流集散点上的公交客运通过能力，包括：公交专用道建立、交叉口公交信号优先、增设站点、公交停靠站加长及设置港湾等；② 完善道路网络，增加公交运力发展通道；③ 均衡公交运力在道路网上的分布，消除公交运力发展"瓶颈"制约；④ 外围地区进出旧城地区的发展线路定位为干线，以提高通道的公交运送效益；⑤ 改善车型，优化公交运力结构。

近期着力发展公交优先系统，形成全天候公交专用道10.5公里，高峰公交专用道11.5公里。

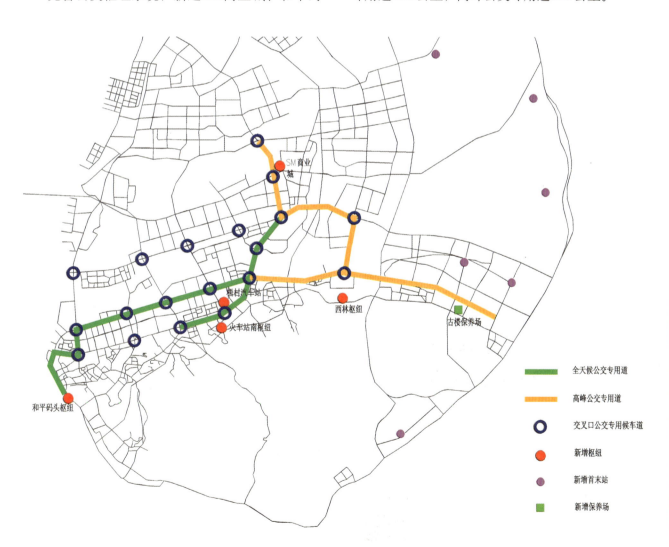

图2　近期公交改善路权与场站用地的保障

深圳市城市交通仿真系统

委托单位：深圳市规划局
编制单位：深圳市城市交通规划研究中心
　　　　　同济大学交通运输工程学院
　　　　　上海宝信软件股份有限公司
完成时间：2006年
获奖等级：2007年华夏建设科学科技一等奖

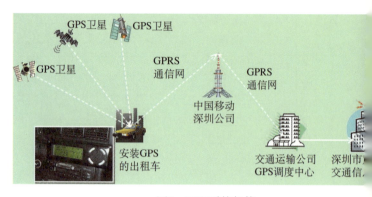

图2　FCD系统架构

项目背景

深圳市城市交通仿真系统（以下简称SUTSS）是深圳市智能交通系统的重要组成部分和核心工程，形成了城市交通仿真与公用信息平台一体化的体系。

系统建设目标：以动态数据为基础，以交通仿真为手段，为交通规划决策者、交通行业和企业管理者、出行者提供全方位的信息服务，提高交通决策效率和系统运行效益。

系统建设原则：采用先进的信息与系统集成技术、交通仿真技术；围绕决策支持的核心目标，适应智能交通系统建设的长远发展要求；建立标准化、成熟可靠的技术集成系统总平台；满足资源共享和对外数据交换要求，预留相关信息平台接口，提供相关系统的互联互通服务。

建设内容

1. 总体架构

本系统由城市交通信息通信及传输网络、交通信息综合采集与处理平台、智能交通公用信息平台、城市交通智能仿真平台和交通信息综合服务平台，即"一个网络、四个平台"构成（图1）。

2. 平台建设

"交通信息综合采集与处理平台"主要将实时动态采集出租车FCD数据和定点数据，通过无线集群通信网络GPRS传输到城市交通信息中心，采集的数据经融合处理，为进一步的数据挖掘与分析应用提供基础（图2）。

"智能交通公用信息平台"对交通数据筛选与融合处理后，根据其特征需求提取相关数据，进行数据交换、数据挖掘、联机分析、归档存储等数据仓库与数据字典处理的功能，为城市交通信息的信息查询、实时在线仿真和实时交通动态信息发布等提供基础依托和运算支撑。

"城市交通智能仿真平台"引入动态交通信息，建立了集战略、宏观、中观与微观模型于一体的智能仿真平台，将智能化仿真技术手段融入到城市交通规划设计、运行评价、方案选择以及交通重大项目建设决策中。

"交通信息综合服务平台"主要为三大类用户提供八大功能模块服务（图3），并可细分为60个功能点的应用。

特色与创新

系统以自主创新的技术方法和系统集成创新的建设手段，掌控城市交通动态变化，形成自主知识产权。

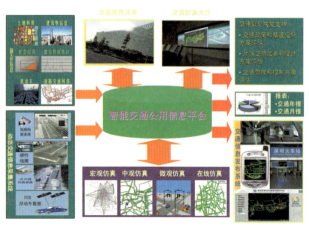

图1　深圳市城市交通仿真系统总体架构

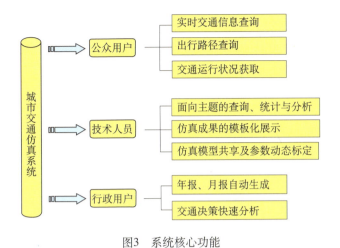

图3　系统核心功能

系统设计理念创新：以交通规划设计与决策支持服务为中心，改变了传统智能交通系统建设对规划支持功能忽视的情况；以引入实时动态交通信息为突破口，建立智能仿真平台，将智能化仿真技术手段融入到城市交通规划设计及重大项目建设决策中。

跨学科系统集成创新：实现了城市交通规划设计与交通仿真、计算机软件与硬件系统、通信与网络传输交换系统、传感与综合数据采集系统等跨学科的系统集成创新。

多源数据采集与融合技术创新：在国内首次建立大区域范围的境界线定点流量速度数据采集系统，大规模利用出租车GPS浮动车数据；并把浮动车数据与定点数据进行融合，提高了交通状态的判断精度。

规划设计流程再造创新：改变传统交通规划静态的研究方法，建立了基于实时、连续交通信息采集和处理的交通规划技术，实现城市交通规划与设计的流程再造。

应用与效益

成果应用：SUTSS目前主要应用包括交通规划设计的决策与业务支持和公众信息服务支持两方面。目前交通规划设计决策与业务支持包括交通规划的数据分析、道路交通运行状况分析、公共交通运行分析、交通模型重构与标定、建设项目与交通对策评估分析等；公众信息服务支持包括实时交通状况发布和查询、交通枢纽和公共活动场所实时大屏幕交通信息发布、个人出行交通计划制定等。

经济效益：SUTSS的应用对于降低交通观测和交通模型维护成本、提高交通规划设计效率与水平、提高交通信息综合利用水平、减少道路交通延误、提高路网使用效率等方面，均有明显效益或重要意义，同时对于智能交通系统相关增值服务的产业链发展也有较大意义（图4）。

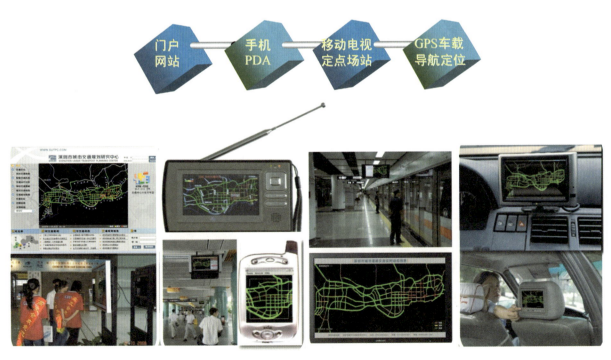

图4　产业化应用前景

淮安市物流发展规划

委托单位：淮安市规划局
编制单位：南京市城市交通规划研究所
完成时间：2005年
获奖等级：2006年度江苏省城乡建设系统优秀
　　　　　勘察设计二等奖
　　　　　第十二届江苏省优秀工程设计二等奖

项目背景

为加强对淮安市现代物流业发展的宏观指导，推进淮安现代物流业快速健康发展，将淮安市建成苏北乃至整个江苏省先进的全程物流枢纽城市，从淮安市的实际出发，广泛吸取国际国内现代物流发展规划的先进理念和经验，淮安市政府决定编制《淮安市物流发展规划》。

规划年限和范围

本次规划近中期为2006-2010年，远期为2020年。

本次规划范围为淮安市中心城区，包括主城区和古城区，总面积约500平方公里。

规划内容

1. 战略目标

功能定位：立足苏北，辐射华东，融入全国物流市场，构筑苏北区域物流中心。

总体战略目标：依托淮安的区位优势和较好的交通条件，形成以公路为主导、水运和铁路为辅的运输方式结构，以苏北区域性物流中心作为发展定

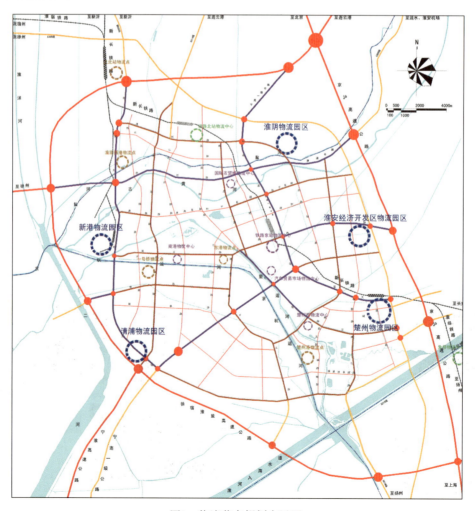

图1　物流节点规划布局图

位,以国内物流作为发展目标,以国际物流作为补充,坚持现代仓储、物资中转联运、配送加工、商品批发展示和信息服务等多位一体的功能定位,分步建设成为市域性物流中心、区域性物流中心和具有全国影响力的区域性物流中心。

2. 物流节点规模

2005年淮安市区物流园区（中心）需求总规模为50公顷,物流点需求总规模为84公顷（含现状43公顷）。

2010年淮安市区物流园区（中心）需求总规模为145公顷,物流点需求总规模为公133顷（含现状43公顷）。

2020年淮安市区物流园区（中心）需求总规模为390公顷,物流点需求总规模为290公顷（含现状43公顷）。

3. 物流节点布局规划

构建"物流园区－物流中心－物流点"的结构体系,形成"5个物流园区、5个物流中心及5个物流点"的布局规划方案,并根据城市用地及产业发展规划,预留铁路北站物流中心、平物流中心和朱桥物流中心（图1）。

4. 物流园区概念性规划

参照国内外经验,将物流园区内用地主要分为物流设施用地和公益或公用设施用地两大类,其中物流设施用地中又细分为货车运输场站、批发、仓储、集装箱货场及其他等五类用地（图2）。

物流园区内部设施布局规划时一般考虑以下几点:

（1）作为核心设施的货车运输基地布置在干线道路附近;

（2）仓库、批发等商业设施布置在便于货车运输基地运送货物的位置;

（3）在园区中心位置布置各种公共利用的设施（信息中心、会议设施、食堂、医疗、办公设施、金融设施等）;

（4）从防灾安全出发,石油设施等需要特别留意的设施,应布置在园区的外围。

5. 物流信息系统及发展政策规划

根据现代物流发展的要求和未来淮安市企业对物流信息系统的需求,提出淮安市物流信息平台建设规划方案;借鉴国内外物流发展政策的经验,提出淮安市物流发展政策建议,以确保既定规划目标的实现。

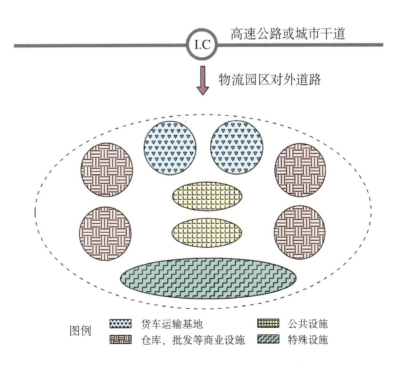

图2 物流园区概念性规划图